初めての自動テスト
Webシステムのための自動テスト基礎

Jonathan Rasmusson 著
玉川 紘子 訳

本書で使用するシステム名、製品名は、それぞれ各社の商標、または登録商標です。
なお、本文中では、™、®、©マークは省略しています。

The Way of the Web Tester
A Beginner's Guide to Automating Tests

Jonathan Rasmusson

The Pragmatic Bookshelf

Raleigh, North Carolina

© by Jonathan Rasmusson. Title of English-language original: The Way of the Web Tester, ISBN978-1-68050-183-4.
© 2017 O'Reilly Japan, Inc. Authorized translation of the English edition © 2016 The Pragmatic Programmers LLC.
This translation is published and sold by permission of The Pragmatic Programmers LLC., the owner of all rights to publish and sell the same.

本書は、株式会社オライリー・ジャパンが The Pragmatic Programmers LLC. の許諾に基づき翻訳したものです。日本語版についての権利は、株式会社オライリー・ジャパンが保有します。

日本語版の内容について、株式会社オライリー・ジャパンは、最大限の努力をもって正確を期していますが、本書の内容に基づく運用結果についての責任を負いかねますので、ご了承ください。

本書への推薦の言葉

『初めての自動テスト』は、まさに優れたWeb開発者の「道」を示すものと言ってよいでしょう。コミュニケーション確認のためのUIテストから、高速に実行されるユニットテストまで、この本は、読者をWebアプリケーションのための自動テストをめぐる長い旅へと導いてくれます。本書で紹介する例は、決して初心者むけの単純化したものばかりではありません。プログラマーのダイアンと、テスターのティムなど、親しみやすいキャラクターたちも、きっと読者の疑問を代弁して理解を助けてくれます。Webアプリケーションの開発者であれば、ぜひ手元に置いておくべき一冊です。

Dan North
Dan North & Associates Ltd. プリンシパルコンサルタント

どこを取っても素晴らしい内容です！ なかでも私が最も気に入っている点は、この本がチーム全員のためのものだということです。あなたが、コーディングスキルに自信のないテスターでも、保守可能なテストを書くことに不安を覚えているプログラマーでも、成功のために協調することを、この本は教えてくれます。1ステップごとに示される豊富な図表のガイドによって、堅牢で価値のある自動テストを書くための良いコーディングや設計のプラクティス、原則を学ぶことができます。さらに、テストファーストによって、品質の高いソフトウェアをリリースする方法まで学ぶことができるのです。

Lisa Crispin (http://www.agiletester.ca)
"More Agile Testing: Learning Journeys for the Whole Team" 著者（Janet Gregoryとの共著）

この本は、私たちにテスト自動化に対する大きなインスピレーションを与えてくれます。読者はテスト自動化の果たす役割、そしてIT業界にもたらす価値について深い理解を得ることができます。読者がテスターであれ、開発者もしくはプロダクトオーナーであれ、この本を読み終えた後には疑いなく確信するでしょう。品質は最初から作り込まれていくべきであると。

Julia Oskö

Spotify エンジニア

本書には、素晴らしい考え方と事例が詰まっています。テスト自動化のスタートで苦しんでいるチームにぜひお勧めしたい一冊です。

Janet Gregory

Dragon Fire Inc. テストにフォーカスしたアジャイルコーチ

本書の1章は、私がこれまで読んだ自動テストの概論の中でも、おそらく最高のものです。

PJ Hampton

Ulster University 博士号取得候補者、ティーチングアシスタント

訳者まえがき

　ソフトウェア開発のサイクルがどんどん短くなっている今日、「テストの自動化」は、開発者にとってもテスターにとっても避けては通れない要素の一つです。自動テストに関する書籍も充実してきました。自動テスト全般について述べた『システムテスト自動化標準ガイド』（翔泳社）、Webアプリケーションの自動テストツールであるSeleniumについて述べた『実践Selenium WebDriver』、『Seleniumデザインパターン＆ベストプラクティス』（オライリー・ジャパン）など、日本語で読めるものも増えつつあります。しかし、既存の書籍はある程度のプログラミングの知識を前提としていたり、重厚長大なボリュームであったりと、初学者がいきなり手をつけるには、ややハードルの高い印象があります。

　本書『初めての自動テスト』は、これからWebアプリケーションの自動テストについて学びたい、自動テストを始めてみたいと考えている方に向けた書籍です。特に「テストの技術はあるけれども、プログラミングをしたことがない」というテスターの方、「開発でプログラミングはしているけれど、テストコードは書いたことがない」という開発者の方の、それぞれに向けて、どんなことに気をつけて最初の一歩を踏み出すべきかを指南してくれます。また、「テストのピラミッド」という概念を中心に複数の自動テストについて知ることで、一つのやり方にこだわらずに、開発者とテスターで適切に役割分担しながら自動化を進める方法を学べるようになっています。特定のツールの使い方を詳しく述べたものではありませんので、本書で概要を掴んだ上で、読者のみなさんの現場での役割に応じて、より深く学んでいただければと思います。たとえばテスターの方であれば前述の『実践Selenium WebDriver』や、『Seleniumデザインパターン＆ベストプラクティス』といったUIテストに関する書籍を、開発者の方であれば『JUnit実践入門』（技術評論社）や、『実践テスト駆動開発』（翔泳社）といった単体テスト／テスト駆動開発に関する書籍があります。

　本書の翻訳にあたっては、なるべく多くの訳注を入れ、初めて自動テストに触れる方にもわかりやすく理解してもらえることを心がけました。加えて、テスト自動化研究会のメンバーである伊藤望さん、松尾和昭さんに丁寧なレビューをいただきました。お忙しい中、細やかなレ

ビューをしてくださったお二人に感謝いたします。

　本書を通じて、一人でも多くの方が自動テストの第一歩を踏み出していただければ幸いです。

玉川 紘子
2017年9月

はじめに

読者のみなさん、はじめまして！

本書は、Web上で動作するシステムに対する自動テストの書き方をまとめたものです。本書は、次のことを学びたい方を対象にしています。

- Webシステムに対する自動テストの仕組み。
- 自動テストにはどのような種類があるのか？
- そして最も重要な点。プログラミングに関するバックグラウンドや経験がほとんど、もしくはまったくない場合、自動テストを書き始めるにはどうすれば良いのか？

最初にお断りしておきましょう。本書はよくある1つの技術を深く掘り下げていくタイプのチュートリアルではありません。自動テストのためのテスティングフレームワーク的なものをセットアップする方法については、多くのページを割きません。技術の進歩はあまりに速く、特定のフレームワークのチュートリアルをする意義は薄いためです。

その代わり、本書では考え方に重点を置きます。基本的な考え方は、そう簡単には変わるものではありません。一度身につけてしまえば、どんなプロジェクトでも、どんな自動テスト用フレームワークやプラットフォームを選んだとしても適用できます。

本書を手にしていただけることを光栄に思います。自動テストは、どのようなソフトウェア開発プロジェクトにも必要なものであり、ソフトウェアの価値を、より大きな資産にスケールするための、素晴らしい手段の一つだからです。そして、ソフトウェア開発プロジェクトが持っている最も価値のある資産＝人の効率を上げることができます。

ソフトウェア開発におけるテスターは、とても重要な存在です。プロジェクトは、あなたのクリティカル・シンキングをもっと必要としています。あなたの創造性を求めているし、何よりもあなたの時間をより多く必要としています。自動テストを学ぶことによって、その恩恵は、あなた自身だけでなく、チーム全体が享受できるのです。

もしあなたが、昔ながらのソフトウェア・テスターであり、プログラミングの経験がほとん

ど、もしくはまったくないとしたら、本書はスタートを切るのにぴったりの書籍です。私たちは基本的な部分からスタートして、あなたと一緒に進みながら、自動テストを書き始めるのに必要なことをすべてお伝えします。

開発者ではあるものの、自動テストの仕組みについてはよく知らない方へは、本書は「システムを壊さずに素速く変更を加える」というテーマの、短期集中コースとして役立ちます。つまり、新しい機能の追加のような楽しいことにもっと時間を使い、古いバグを修正するような退屈な仕事に費やす時間を減らすことに役立ちます。

そして、もしあなたがチームリーダーであれば、本書はあなたにとってのロゼッタ・ストーンとなるでしょう。本書は昔ながらのテスターと開発者の溝を埋める手助けをするだけでなく、チームが自動テストを正しく構築するための時間、共通言語、そしてフレームワークを提供します。加えて、自動テストを開始したばかりの頃によく起きる、重複や無駄な作業の多くを取り除くことにも貢献します。

本書の構成

もし本書の中でチームの全員が読むべき章が2つだけあるとすれば、それは「1章 テストのピラミッド」と「8章 ピラミッドを登る」です。それらの章では、自動テストがどのように役立つかの概論を述べ、自動テストのさまざまな種類とそれぞれの種類を、いつ、どこで使うべきかにも触れています。

概要と、実際の自動化テストの実践について、本書は2つのパートに分けて解説します。

第I部では、Webシステムにおける自動テストの仕組みの基本を解説していきます。

「1章 テストのピラミッド」では、テストのピラミッドという概念を紹介します。これはテストに対するリソース配分を決定したりチームが同じ方向を向いていることを確認するために、すべてのチームで使えるモデルです。

「2章 ユーザーインターフェイステストに触れる」では、ユーザーインターフェイス（UI）テストの概念を紹介し、UIテストによって通常ユーザーが操作するのと同じようにシステムをテストする方法を見ていきます。そして「3章 レガシーシステムにUIテストを追加する」では、学んだ理論を実践に移し、既存のレガシーシステムにUIテストを追加するときにどのようなことが起きるかを解説します。

「4章 統合テストで点と点を結ぶ」ではWebの世界により深く潜り込み、Webサービスを直接テストする方法を見ていきます。ここでも学んだ知識を適用し、「5章 RESTfulなWebサービスの統合テスト」では、おそらく今日のWeb APIで最もポピュラーな形であるRESTfulなWebサービスのテスト方法を紹介します。

「6章 ユニットテストで基礎を固める」では、ユニットテストがなぜ今日のテスト自動化で重要な役割を果たすのかを見ていきます。特にブラウザ上のJavaScriptの挙動をユニットテストでどうテストするかについては、「7章 JavaScriptを使ったブラウザ上のユニットテスト」

で解説します。

「8章 ピラミッドを登る」は、ここまで紹介したテストをすべてまとめ、テストのピラミッドが実際どのように作用するかを見ていきます。ピラミッドの頂点から始めて、底辺まで降りていきながら、その過程でおそらく読者が出会うであろう課題についても紹介します。

第II部は基礎的な内容だけでなく、自動化に関係するさらに上級者向けのいくつかの話題を取り上げます。

「9章 プログラミング初級講座」では、プログラマーが良いコードを書くために使うテクニックを紹介し、同じ戦略を良いテストコードで書くために適用する方法を見ていきます。また、開発者やテスターにとってメンテナンスしやすいテストとは、どのようなものなのかについても触れます。

「10章 テストを整理する」では、これから書こうとしているテストの全体を眺め、簡単で適切な方法でテストを整理するにはどうしたら良いかを見ていきます。

「11章 効果的なモックの活用」では、モックに強く依存したときに開発者が陥りがちな落とし穴と、その回避方法について解説します。

そして最終章である「12章 テストファースト」では、テストファーストとはどんな考え方か、最初のテストを書き始めるときに私たちが直面する複雑さの問題や設計上の課題を、テストファーストがどのように助けてくれるのかを紹介します。

ちょっとした注意事項

こうした本を書くとき、気を遣う問題のひとつとして、コーディング例を示すためのプログラミング言語に何を使うかという問題があります。筆者はRubyおよびRubyと関係の深いフレームワークであるRuby on Railsを選択しました。また、いくつかの理由からJavaScriptも使用しています。

Rubyを選んだのは、Rubyのコミュニティでは、自動テストについても一般的なWeb開発の話題でも学べることが非常に多いからです。加えてRubyは、プログラミングの専門家でなくても、簡単に学ぶことのできる言語です。

JavaScriptは、今日のWebアプリケーションの非常に多くを動かす技術となっているため、取り上げました。ブラウザ上で機能テストを行うためのJavaScriptの使い方については、丸々1章分を割いています。

JavaScriptやRubyを採用したからと言って、本書がそれらの言語を特別信奉しているわけではありません。JavaScriptもRubyも、単に最近よく使われているツールに過ぎません。

より重要なのは、HTML、CSS、HTTPといった基礎的な技術です。本書では、個別のツールやフレームワークよりも、基礎的な技術の説明の方に多くのページを割いています。

ここでのゴールは、基礎的な技術に十分親しんでもらい、その上に成り立つフレームワークを理解して、ツールが変わっても問題ないと思ってもらえることです。

楽しみながら学ぼう

　これから学ぶことについて、深刻に考える必要はありません。ユーモアを交えながらのアプローチの方が、楽しく学べることでしょう。

　本書ではそのために、図や物語、いくつかのエピソードを交えながら進めていきましょう。

　筆者や他のエンジニアが自動テストを書いているときに遭遇した成功、そして失敗に関するリアルな現場の経験談を、「戦いのストーリー」として紹介しています。戦いのストーリーの目印は、射手のマークです。

　自分でトライしてみるエクササイズもあります。これは、読み進めるのをやめて、考えたり書いたりする時間です。ペンか鉛筆をお手元に用意しておいてください。

　このマークが出てきたら、考えたり書いたりする時間。

　さらにこの2人、ティムとダイアンはごく普通のテスターと開発者です。ティムもダイアンも、自動テストの経験はほとんどありません。しかし経験が不足しているからこそ彼らはやる気に溢れており、たくさんの質問を投げかけてくれます。

テスターのティム

開発者のダイアン

そして親指マークは、その章に合わせたちょっとしたコツやアドバイスをお伝えします。

 良い自動テストを書くと、探索的テストに、より多くの時間を費やすことができる。

お問い合わせ

本書に関する意見、質問等は、オライリー・ジャパンまでお寄せください。

　　株式会社オライリー・ジャパン
　　電子メール　japan@oreilly.co.jp

この本のWebページには、正誤表やコード例などの追加情報を掲載しています。

　　http://www.oreilly.co.jp/books/9784873118161（和書）
　　https://pragprog.com/book/jrtest（原書）

オライリーに関するその他の情報については、次のオライリーのWebサイトを参照してください。

　　http://www.oreilly.co.jp

謝辞

妻Tannisと3人の素晴らしい子どもたち、Lucas、Rowan、Brynnの愛がなければ本書を書き上げることはできなかったでしょう。彼らはどんなときも私を支え、愛してくれました。

また、本書のような書籍は、優れた編集者と出版社なしには成り立ちません。本書の品質のすべてはSusannah Pfalzerの力によるものです（私はそれ以外の部分を担当しました）。

そしてもちろん、下記のレビュアーの方々による素晴らしいフィードバックと豊富な知見がなければ、本書を仕上げることはできませんでした。

Matteo Vaccari、Julia Oskö、Dan North、Kristian Karl、Fredrik Stridsman、Lisa Crispin、Michael Thelin、Bianca Mihai、Anders Ivarsson、Peter Hampton、Nigel Lowry、Javier Collado、Jason Yip、Elijah Wright、Michael Holland、Nicolae Ciocan、Loren Sands-Ramshaw、Rod Hilton、Gustav Hedberg、Colin Yates、Janet Gregory、Aisling Canton、Nouran Mhmoud、Jan Nonnen、Derek Graham、Kay Korper、Alexander Henry、

Olivier Laguionie、Paul Waring、Lance Willett、Rachel Rosalia、そしてSpotifyの素晴らしいメンバーのみなさまに感謝します。

　超一流の校正とレイアウトを担当してくださったNicole Abramowitz、Gilson Graphics社にも心から感謝します。

　私の両親からの愛と励ましに感謝を捧げます。

　そして最後に、Pragmatic Bookshelf社を設立し、数々のエンジニアたちに「自分自身の著作を書いて世界と共有する」という使命を与えてくださったAndrew HuntとDavid Thomasに感謝の意を表します。

目 次

本書への推薦の言葉 v
訳者まえがき vii
はじめに ix

第 I 部　ピラミッドの地図を作る 1

1章　テストのピラミッド 3
1.1　美しかった自動テスト 3
1.2　車輪が転がるように 4
1.3　3つの厳しい教訓 5
1.4　テストのピラミッドに入り込む 5
1.4.1　章の順序 6
1.4.2　3つの層 7
1.5　UIテスト 8
1.6　統合テスト 9
1.7　ユニットテスト 9
1.8　親指の法則 10
1.9　誰が自動テストを書くのか 13
1.10　この章で学んだこと 17

2章　ユーザーインターフェイステストに触れる 19
2.1　いつもの失敗リリース 20
2.2　ユーザーインターフェイステストを始めよう 20

	2.3	UIテストの仕組み	26
	2.4	HTMLを使った検証	26
	2.5	CSSを使った要素の選択	27
	2.6	この章で学んだこと	31

3章 レガシーシステムにUIテストを追加する　33

	3.1	ステップ1：正しい画面にいることを確認する	34
	3.2	ステップ2：正しいCSSセレクタを見つける	35
	3.3	ステップ3：アサーションを追加する	45
		3.3.1　有効な認証情報でテストする	46
		3.3.2　無効な認証情報でテストする	49
	3.4	この章で学んだこと	52

4章 統合テストで点と点を結ぶ　53

	4.1	UIがない！	54
	4.2	統合テストを始めよう	54
	4.3	Webの仕組み	56
	4.4	HTTPでおしゃべりする	59
	4.5	RESTを知る	65
	4.6	この章で学んだこと	68

5章 RESTfulなWebサービスの統合テスト　71

	5.1	RESTfulな許可APIをテストする	72
	5.2	HTTP GET	73
	5.3	HTTP POST	77
	5.4	HTTP PUT	79
	5.5	HTTP DELETE	80
	5.6	この章で学んだこと	81

6章 ユニットテストで基礎を固める　83

	6.1	すべてが完璧な世界	84
	6.2	UIテストの課題	84
	6.3	ユニットテストを始めよう	87

6.4	ユニットテストの仕組み		89
	6.4.1	正しく動くことを保証する	95
	6.4.2	壊れる可能性のある箇所はすべてテストする	95
	6.4.3	テストファースト	95
6.5	上級テクニック		97
6.6	この章で学んだこと		103

7章　JavaScriptを使ったブラウザ上のユニットテスト　105

7.1	ブラウザの中の魔法	106
7.2	JavaScriptとテストのピラミッド	111
7.3	バグハント	113
7.4	ステップ1：HTMLを調べる	114
7.5	ステップ2：JavaScriptを解析する	117
7.6	ステップ3：テストを書く	120
	7.6.1　モデル	120
	7.6.2　コントローラ	122
7.7	静的型付けと動的型付け	127
7.8	質問タイム	129
7.9	この章で学んだこと	131

8章　ピラミッドを登る　133

8.1	ピラミッドの具体例	134
8.2	ユニットテストから始める	134
8.3	統合テストへステップアップする	135
8.4	UIテストへ到達する	136
8.5	逆ピラミッド	138
8.6	不安定なテストの扱い方	140
	8.6.1　テストを書き直す	142
	8.6.2　テストをピラミッドの下の層へ移動させる	142
	8.6.3　価値のないテストとみなし、テストを止める	142
8.7	この章で学んだこと	143

第II部　ピラミッドを探検する　145

9章　プログラミング初級講座　147
- 9.1　プログラミングの構造　148
- 9.2　コーディングスタイルの重要性　151
- 9.3　適切な命名　151
- 9.4　スペースの入れ方　153
- 9.5　重複との戦い　156
- 9.6　ルールに従ってやってみよう　158
- 9.7　ステップ1：スペースの入れ方を修正する　160
- 9.8　ステップ2：良い名前を選ぶ　161
- 9.9　ステップ3：プロダクションコードの重複に対処する　162
- 9.10　ステップ4：テストコードの重複を取り除く　166
- 9.11　この章で学んだこと　169

10章　テストを整理する〜混沌の中から法則を見つけ出す〜　171
- 10.1　混乱する世界　171
- 10.2　分離されたテストの美しさ　174
- 10.3　コンテキストを明確にする　179
- 10.4　ハッカーに注意　186
- 10.5　この章で学んだこと　188

11章　効果的なモックの活用　189
- 11.1　音楽を聞こう　190
- 11.2　モックの利用　191
- 11.3　ステップ1：モックを準備する　193
- 11.4　ステップ2：エクスペクテーションの設定　195
- 11.5　結合による束縛　198
- 11.6　モックの泥沼　201
- 11.7　ポートとアダプタ　203
- 11.8　質問タイム　208
- 11.9　この章で学んだこと　211

12章 テストファースト ... 213

- 12.1 どこから始めるか ... 214
- 12.2 テスト駆動開発（TDD）とは ... 216
- 12.3 ステップ1：失敗するテストを書く ... 218
- 12.4 ステップ2：テストを成功させる ... 218
- 12.5 ステップ3：リファクタリングする ... 218
- 12.6 TDDの利点 ... 218
- 12.7 実践してみよう ... 219
  - 12.7.1 ステップ1：失敗するテストを書く ... 220
  - 12.7.2 ステップ2：テストを成功させる ... 223
  - 12.7.3 ステップ3：リファクタリングする ... 225
- 12.8 サイクルを繰り返し回そう ... 226
- 12.9 質問タイム ... 236
- 12.10 この章で学んだこと ... 239
- 12.11 おわりに ... 240

付録A CSSチートシート ... 243

付録B Google Chromeのデベロッパーツール ... 245

付録C サンプルコードを動かすための環境構築 ... 249

- C.1 準備（リソースのダウンロード） ... 249
- C.2 JavaScriptのテスト ... 249
  - C.2.1 テスト結果を見てみる ... 249
  - C.2.2 テストを修正する ... 251
- C.3 Rubyのテスト ... 253
  - C.3.1 必要なツールのインストール ... 253
  - C.3.2 Railsのアプリケーション起動 ... 253
  - C.3.3 UIテストの実行 ... 254
  - C.3.4 統合テスト／ユニットテストの実行 ... 255
  - C.3.5 試してみよう ... 256

参考文献 ... 257
索引 ... 259

第Ⅰ部
ピラミッドの地図を作る

　テストのピラミッドは、プロジェクトでよく用いられるさまざまな種類の自動テストを表現するときに使うモデルです。第Ⅰ部では、ピラミッドを構成する3種類の自動テストを紹介して、それぞれのテストをいつどこで使うべきかについて学んでいきます。

1章
テストのピラミッド

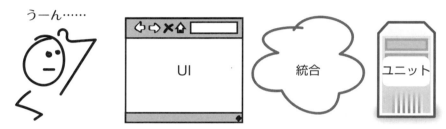

どんなテストを書けばいいんだろう？

　自動テストについて話をする前に、いくつか基本的な準備を整えておく必要があります。この章では、これから自動テストについて解説する上で使っていくフレームワーク、モデル、そして用語について準備をします。中心になるモデルは**テストのピラミッド**と呼ばれるものです。

　テストのピラミッドについて学ぶことで、自動テストについての知識を深められるとともに、それぞれのテストがどのような役割を果たすか、またどのように組み合い、補完していくのかを知ることができます。

　また自動テストについて語るための語彙が豊富になれば、それぞれのテストをどこで、どのように使うかについての知見を得ることができます。

1.1　美しかった自動テスト

　2001年、チームメンバーと私は鼻高々でした。私たちは、自動テストツールのロールス・ロイスとも言うべきものを完成させたのです。独自に内製して、完全に自動化されたUIテストのフレームワークです。それはとても素晴らしいものでした。

　このフレームワークにはすべてが含まれていました。ボタンをクリックするとアプリケーションが起動し、テストを記録し、それを再生して記録した動作を検証できます。使い方も

簡単でした。テストの実行は素晴らしいデモとしても役立ちました（なぜなら、実際にアプリケーションが動いているところを見られるからです）。そしてもっと素晴らしいことに、ビルドエンジニアたちはそのスクリプトを継続的なビルドとインテグレーションのプロセスに組み込む方法も見つけていました。つまり、ビルドで何かが壊れたら、即時に知ることができたのです。

それは人類の英知の結晶でした。

私たちも、テスターも、顧客も、そのフレームワークを非常に気に入っていました。すべてがうまくいっていたのです。そのときまでは——。

1.2　車輪が転がるように

問題は、突然起きたわけではありません。最初はゆっくりと忍び寄るように潜んでいたのです。しかし、自動テストのフレームワークを使えば使うほど、私たちは、システムに新しい機能を追加するのが困難になることに気づきました。

その理由は、すぐにはわかりませんでした。私たちは自動テストで高いカバレッジを達成していたし、変更を継続的に統合し、定期的にクライアントへソフトウェアをリリースしていました。多くの自動UIテストを書くことによって、開発が遅くなる理由は見つかりませんでした。しかし、少し深く観察していくと、そのフレームワークには、いくつかの開発の阻害要因が存在していることに気づきました。

まず、開発者たちは自動テストの一種である「ユニットテスト」と呼ばれるテストを書くことをやめてしまっていました。ユニットテストは高速で小さなコードベースのテストであり、ソフトウェアの中で故障が起きている部分がないかを素早く教えてくれるものです。彼らはユニットテストを書かずに、もっとずっと時間のかかるユーザーインターフェイステスト（UIテスト）に置き換えていたのです。そのため、自動ビルドには、以前よりも長い時間がかかるようになっていました。それはつまり、変更によってテストが壊れていても、気づくのが遅くなることを意味していました。

これは別の問題につながりました。テストに長い時間がかかるため、開発者はテストを実行しなくなっていました。多くの開発者が、完全に自動テストを無視していました。私たちには納期があるにもかかわらず、10分で済んでいたビルドが、そのときは3時間以上もかかっていたのです。誰も3時間のビルドが終わるのを待つ余裕はありませんでした。ビルドはずっと壊れたままでした。そしてさらに悪いことに、開発者たちはその壊れたビルドの上に、さらに新しいコードを積み上げ始めていました。

そしてある日、すべてが崩壊しました。私たちは重要な納期に遅れてしまい、八方塞がりの状態になったのです。ソフトウェアには大量のバグがあります。新しい機能を追加することも簡単ではありませんでした。そのとき初めて、私たちはこれまで気に入っていたテストフレームワークこそが根本原因だという真実に向き合わざるを得なくなりました。一体何が起きたの

でしょうか。最初はあんなに素晴らしかったものが、なぜ、このように酷い結果に終わってしまったのでしょうか。

1.3　3つの厳しい教訓

当時はつらい経験でしたが、このプロジェクトは、自動テストに関するいくつかの貴重な教訓を与えてくれました。

1. すべての自動テストが同等の力を持っているわけではない。あるテストをする場合に、特定の種類のテストが、ほかのテストより優れていることがある。
2. ある種類のテストを「書くことができる」というだけでは、必ずしもそのテストを「書くべき」だという理由にはならない。
3. スピードとフィードバックが重要。テストケースの実行に長い時間がかかるほど、開発サイクルは遅く、反復回数は少なくなる。

この経験から学べたことは、自動テストが1種類でどんな場合にも通用するような、万能薬ではないということです。テストにはさまざまな種類があり、それぞれがテストするものは異なっています。

私たち以外にも、同じような痛い目にあっている人たちがいました。そして、こういった教訓がみんなの意識の中で概念やモデルとして形になり、徐々に浮かび上がった有用な概念がテストのピラミッドと呼ばれるものです。

1.4　テストのピラミッドに入り込む

テストのピラミッドはMike Cohnの"Succeeding with Agile"[Coh09]で最初に提唱されたモデルで、3種類の異なるテストがどのように互いに補完し合うかを示すものです。

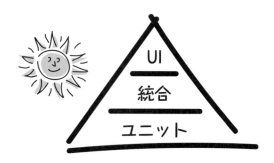

　ピラミッドの頂点には、ユーザーインターフェイステスト、あるいはUIテストと呼ばれるテストがあります。UIテストはシステム全体をエンドツーエンド*で操作し、ユーザーがそのシステムを使うときと同じように振る舞います。UIテストについては「2章 ユーザーインターフェイステストに触れる」で述べます。

　次の層は統合テストです。統合テストはUIテストに似ていますが、ユーザーインターフェイスは通しません。代わりに1つ下の層を使い、ユーザーインターフェイスを動作させている基盤となるサービスを直接テストします。統合テストについては「4章 統合テストで点と点を結ぶ」で触れます。

　いちばん下の層は、ユニットテストと呼ばれるものです。小さく、高速で、正確なコードレベルのテストであり、作ったものが壊れていないことをすぐに確認するために開発者が書くものです。これについてはのちほど、「6章 ユニットテストで基礎を固める」で述べます。

1.4.1　章の順序

　さて、ピラミッドを見ていくにあたり、本書ではいちばん上のUIテストから始めてだんだん下に降りていきます。これには3つの理由があります。

1. 素早い成功

    UIテストは3種類のテストの中で最もやりやすく、素早い成功は私たちを後押しして、後に続く章への挑戦を楽にしてくれます。

2. 基礎を学ぶ必要性

    HTMLやCSSの仕組みをある程度理解していないと、JavaScriptに関する章を学んでもあまり腑に落ちないでしょう。そこで、HTMLとCSSについては「2章 ユーザーインターフェイスのテストに触れる」で説明します。

---

*　訳注：システムの詳細な内部構造に立ち入らず、システムの外から全体をテストすることをエンドツーエンド（E2E）テストと呼びます。

3. 深い学習

   本書の中で、筆者はときどき読者をミスリードし、最初は素晴らしく見えたものが後で失敗することを説明します。これによって、それぞれのテストでどんなことができて、どこに限界があるのかを、より深く学ぶことができるでしょう。

ですから、章の順序には、あまり重要性はありません。ほとんどのチームは、最初にユニットテストから始めます。しかし本書では、学習を助けるために上の層から始めることで、対象をより深く、楽しく学べるようにします。

1.4.2 3つの層

ほとんどのWebアプリケーションのアーキテクチャは、3つの異なる層から構成されることを理解すると、テストのピラミッドという構造に納得がいきます。

多くのアプリケーションは、典型的には3つの層で構成される

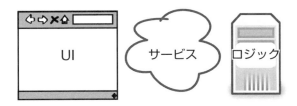

まず、UI層があります。これは、アプリケーションを使うときに顧客が操作するボタンやその他のコントロールを持つ層です。次はサービス層で、UI層の表示を更新するのに必要なデータを提供します。最後にロジック層があり、ここには計算／演算や、処理の根幹となる部分が収められています。

もちろんすべてのアプリケーションがこのように作られているわけではありません。サービス層にビジネスロジックが入っている場合もありますし、UIを持たないアプリケーションもあります。ただこのような違いはほとんど問題にはなりません。ピラミッドの基本はたいてい保持されます。

重要なのは、このようなアプリケーションの各層が、ピラミッドの特定の層に対応すること、ピラミッドの層は1つのテストの種類に対応することです。

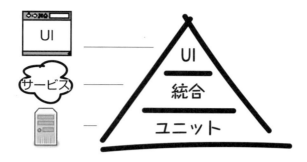

それでは、それぞれの層をざっと見てみましょう。

1.5　UIテスト

ユーザーインターフェイスのテストは、アプリケーションをUI層からテストします。

これがUIテストを非常に魅力的に見せているポイントです。UIテストはアーキテクチャのすべての層を通過し、すべてがつながっていることを保証します。UIテストのことを「エンドツーエンドで動くテスト」と言うのもここから来ています。

エンドツーエンドの素晴らしさに対して問題になるのは、スピードと壊れやすさです。UIテストは遅く、壊れやすい傾向にあります。壊れやすさについては、ある程度工夫することが可能です（「2章　ユーザーインターフェイスのテストに触れる」で、UIテストをより頑健にする方法について触れます）。しかし、スピードの遅さ、それもユニットテストに対して桁違いに遅いという事実に対する回避策はありません。したがって、UIテストは素早いフィードバックを得るという点では完全に劣っています。これが、UIテストがピラミッドのいちばん上に配置され、プロジェクトの中でそれほど多くは使われない理由です。

1.6　統合テスト

　一方、統合テストはUIを通過せず、一層下にあるサービス層をテストします。これによって、複数の層がつながって動いていることを確認する機能を保ったまま、UIの壊れやすさにも影響されない強みを得ています。

統合テスト
- ✓ WebサービスとAPIのテスト
- ✓ つながりを見る
- ✗ 詳細さに欠ける

　統合テストの唯一の欠点は、それほど詳細ではないことです。「何か」が壊れていることはわかっても、厳密に「どこ」が壊れているかまでは、わかりません。

　システムが統合されていることをテストするためには優れているため、私たちは統合テストを好みますが、問題のある場所を常に教えてくれるわけではないので、すべてのテストでは使えません。

1.7　ユニットテスト

　正確性、スピード、カバレッジにおいて頼りになるのはユニットテストです。ユニットテストは、自動テストの父とでも言うべき存在です。エクストリームプログラミング[*]のようなアジャイル手法の台頭とともに、開発者たちは何年も前からユニットテストを書いてきており、現代のプログラミング言語／プラットフォームにおいて、ユニットテストは重要な要素です。

ユニットテスト
- ✓ 超高速
- ✓ 多目的に利用できる
- ✗ 統合部分の確認に弱い

　ユニットテストは非常に高速で正確です。また、失敗したときにはどの部分がうまく行かなかったのかを厳密に教えてくれます。素早く反復を繰り返す開発ではきわめて重要な存在であり、ユニットテストを書かないということはあてずっぽうで開発を進めるようなものです。

　このスピードと正確さに対する唯一の欠点は、統合部分にあります。ユニットテストは「全

---

[*] http://www.agilenutshell.com/xp

体がつながっているか」という観点では、見落としをすることがあります。システムをつなげてみて初めて現れるバグもあります。統合テストにやはり大きな価値があるのは、この点です。ですから、開発者は自分たちの作ったシステムをテストするときには、たいていユニットテストと統合テストの両方を書きます。

ここまで見てきた3種類のテストすべてを一緒にするときには、いくつかの経験則があります。

1.8 親指の法則

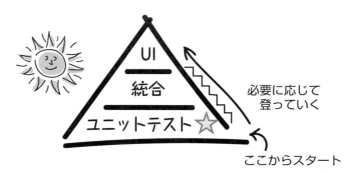

1. UIよりもユニットテストを優先すること。
2. ユニットテストで埋められない部分を統合テストでカバーすること。
3. UIテストは限定的に使うこと。

ピラミッドの形は経験から導き出されたもので、自動テストの大部分は底辺に近い層で行うほうが良いことを教えてくれます。下の層で行うテストは、上の層の遅くコストのかかるテストに比べて高速かつ安価に実行できます。

すべてのプロジェクトがUIを操作するテストを持つ、もしくは必要としているわけではありません。ユニットテストと統合テストだけで事足りることもあります。

したがって、システムに新しいテストを追加するときには、いつも下の層から始めて、そこから上の層に上がっていくようにします。

新しいテストを追加するときは、常に「ユニットテストでカバーできないか」を最初に確認しよう。

もしあなたがテスターだったら、下の層の自動化を行うことはあまりないでしょう。このアドバイスは、ちょっと使えないと思って、ピラミッドの頂点に近い上の層からテストをしようと思うかもしれません。つまり、このアドバイスは、あなたにそうして欲しくないためのものです。

常に、テストをできる限りピラミッドの下の層に入れること。

　つまり、もし与えられたテストケースが統合テストで十分扱えるものであれば、むやみにUIテストでの自動化は、しない方が賢明だということです。
　そして最後の経験則は、言うのは簡単ですがマスターするには一生かかるものです。

 すべてを自動化しようとしないこと。代わりに、過不足なく自動化しよう。

　自動テストは手放しで優れているわけではなく、すべてのテストにはコストと保守の面で、対価が発生するのです。すべてを自動化することが目的ではありません。開発チームは、過不足なく適切に自動化したいのです。言うは易く行うは難しですね。本書では、みなさんと一緒に、この禅のような原則の本質を、詳しく見ていきましょう。

　上の層にあるテストは、常に下の層のテストの上位集合なので、同じ機能をテストしている。という意味では、部分的な重複は避けられません。

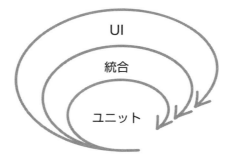

たとえば、あるユニットテストが「パスワードは少なくとも8文字以上の長さでなければならない」ことを検証していたとして、ログイン機能のUIテストでも、つい同じことをしている場合があります。これを避けることはできません。

しかし、あまりにも露骨な重複は避けることができます。異なる層でまったく同じテストを書くなんて、やりたくないでしょう？ もしユニットテストレベルで、どんなシナリオがカバーされているのかを知っていれば、UIテストで直接同じことをする意味はありません。

理解の一助として、UIテストとユニットテストの違いを考えてみると、このようになります。

ユニットテスト vs UIテスト

ユニットテスト	UIテスト
開発のためのもの	検証のためのもの
フィードバックが速い	フィードバックが遅い
下位レベル	上位レベル
局所的	エンドツーエンド
安価	高価
実行が速い	実行が遅い
頑健	壊れやすい
信頼できる/結果が一意に決まる	当てにならない/結果が一意に決まらない
開発に使う	テストに使う
開発者視点のテスト	顧客視点のテスト

UIテストや統合テストでは、システムがきちんとつながっていることを確認します。より多くの層を通過するため、遅くなるのは問題ありません。だからこそ、このようなテストがよく使われるのです。UIテストと統合テストによって、システムが動作していることを、エンドツーエンドで確認できます。

一方、ユニットテストの強みは、スピードとフィードバックです。ユニットテストを書くの

は、開発中に重要な点についてフィードバックを得たいときです。たとえば次のような点です。

- 設計を正しく反映しているか？
- 最後の変更で何かを壊していないか？
- 私たちの想定と特殊なケースはすべて整合性が取れているか？
- 新しい機能を追加することは安全か？

ユニットテストのおかげで、素早い変更を繰り返すことができるようになります。UIテストと統合テストは、エンドツーエンドの動作を保証してくれます。両方のテストが重要な目的を果たしており、それはコインの裏表のようなものです。

ですから、テストの意図が重複しているのでなければ、機能面の重複はまったく問題ありません。

テストのピラミッドについての基本的な話は、これでおしまいです。本書の残りの章では、それぞれのテストをいつ、どこで書くべきかを詳細に見ていきます。そして、実際のWebの世界で自動テストがどのように役立つかをお見せします。

ここで一つ興味深い疑問が残ります。もしチームに開発者とテスターが混じっている場合、一体誰が自動テストを書くべきでしょうか？

1.9 誰が自動テストを書くのか

専門分野の異なるチームが協働する際の興味深い課題の一つは、誰が何をすべきかを明らかにすることです。品質については品質保証チームが気にしていれば良い、という昔の考え方とは異なり、アジャイルが発達した今日では、すべてのチームが品質に責任を負っています。したがって、それぞれの立場での参加の姿勢が、とても重要になってきます。

自動テストへの取り組みは、ソフトウェアを作る上でもともと開発とテストという2つの異なる立場だった人たちを一緒にするだけでは、飽き足りません。言葉遣い、意図、そして時には自動テスト自体の目的に通じる哲学の違いにも対処する必要があります。

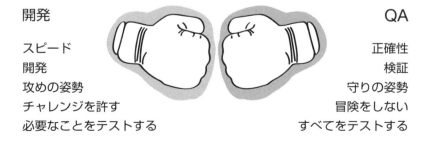

開発者の立場に立てば、自動テストはスピードがすべてです。自動テスト（特にユニットテスト）は、開発者がソフトウェアを壊さずに素早く作業できるためのものです。ユニットテストは高速に実行され、いつコードを壊したのかを教えてくれます。そのおかげで、開発者は恐れることなく変更することができます。遅く、実行に時間のかかるテストは、開発者にとれば不満です。彼らが求めているのは、迅速なフィードバックとスピードです。

　一方、昔ながらのテスターは正確さの方に気をかけます。今まで私たちはテスターたちに、完璧であること、すべてのバグを発見することを求めて、大きなプレッシャーをかけてきました。テスターにとってのテストとは、完璧さ、幅広さ、深さがすべてです。彼らにしてみれば、速度や実行時間に関係なく、より多くのテストが自動化されているほど安心します。

　そして、そこに摩擦が生じます。自動テストの目的を見てみただけで、すでに2つの衝突／競合する勢力ができてしまいました。そして、まだプロジェクトは始まったばかりです。

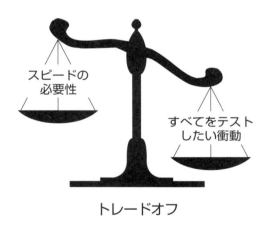

　そのような事情から、多くの自動テストの取り組みは、開始時点で下の図のような状態になっています。

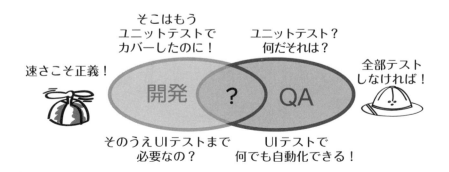

ここでは確執が生じています。成功の定義も異なりますし、テストの定義も異なります。そして、「自動テストをやるぞ」となったときに、誰が何をすべきかについても混乱が生じています。

役割分担についての、決まった単純なルールはありませんが、うまく進めるためのいくつかの方法なら、経験的にわかります。

テスターの多くは、たいていピラミッドの上の層、つまりUIテストと統合テストに取り組みます。これらのテストは、昔ながらのテスターがすでに行っているエンドツーエンドのシステムテストと相性が良いのです。もしあなたがテスターであれば、この2つのテストから始めると良いでしょう。

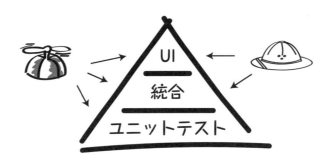

一方、開発者はユニットテストに夢中になっています。もちろん、彼らはピラミッドのどの層のテストもできますし、実際やっていることも多いのです。しかし、自動テストでやらなければならないことは非常に多いので、できたら他の誰かに手伝ってもらいたいのです。開発者はしばしば3層すべてに取り組み、上の層ではテスターをサポートし、テスターが作業を進めるために必要なテストやインフラを準備します。

また、開発者はチームにフルタイムの専任テスターを置くことが難しいこと、そして誰かに自身の開発したものの品質の責任を負わせる時代は終わったことも認識しています。彼らの書いたコードの品質に責任を持つのは、「他の誰か」ではなく彼ら自身なのです。

あなたとチームがどのようなやり方をするにしても、協力して一緒に動くことが重要です。開発者がピラミッドの下の層でやっていることに気づかずに、テスターは同じことをしているかもしれません。すべての無駄や、重複した作業は、そこから始まるのです。

　あなたがテスターだった場合、開発者／テスターの作成するすべての種類の自動テストが無駄なく連携できるように、開発者と一体となって作業したいと思うでしょう。最初のうちは、開発者がほとんどの準備を行うことになるかもしれません（お手本となる少しのサンプルが手に入るのはとても良いことです）。しかしその後は、開発者のいたポジションに飛び込んで、テスト自動化についてのより大きな範囲を担当しましょう。

　もしあなたが開発者であれば、テスターの生産性を上げることに、最も関心を持ちましょう。自動化によって再テストに費やす時間が削減できれば、お互いにもっと多くの時間を、探索的テストに割くことができるからです。これこそが、素晴らしい成果を出すポイントです。テスターとペアを組み、彼らに自動テストの書き方を教え、双方の活動を連携させましょう。きっと、より高いカバレッジを達成してバグを減らすことができます。

　あなたとチームの方針に関わらず、自動テストでやるべき内容はどんなプロジェクトでも、ほぼ常に与えられた時間やリソースを上回っています。ですからきびきびと自動化を進めていかなければなりません。

　最終的には、役割分担をそれほど気にする必要はありません。重要なのは自動テストができていることであり、それを達成しているのは、情熱を持って実現に向けて動いている人たちです。そこに肩書や役職は必要ありません。

探索的テストを忘れないこと

　自動テストを進めていくと、プロジェクトとして確実に実施しておきたいもう一つの重要なテストのことを忘れてしまいがちです。そう、探索的テストのことです。

　探索的テストとは読んで字のごとく、手順化されておらず、網羅的にアプリケーションを操作して不具合を見つけようとする探索的なテストのことです。

　手順が決まっているテストとは異なり、自動テストでは見つからない問題を見つけられる点で、探索的テストは強力な技術です。

　自動テストは、人がより多くの探索的テストを行えるようにしてくれる手段でもあります。もし優れた自動テストスイートを手に入れたら、立ち戻って探索的テストを続けることも忘れないようにしましょう。

> 探索的テストについて書かれた優れた書籍としては、Elisabeth Hendricksonの"Explore It!" [Hen13] が参考になります。

1.10　この章で学んだこと

おめでとうございます！あなたはもう他の人よりも自動テストについてよく知っています。今度のカクテルパーティーで、テストのピラミッドについての話題が出てきても大丈夫でしょう。

ここまでの内容を要約すると、次のようになります。

- 典型的な自動テストにはUIテスト、統合テスト、ユニットテストの3種類がある。
- 新しいテストを追加するときには、まずユニットテストで対応できないかどうかを確認する。
- テストは、常にピラミッドのなるべく下の層に入れるようにする。
- ピラミッドのすべての層において、チームメンバーと協力し、無駄や重複を避ける。

これは幸先の良い第一歩です。私たちは、自動テストについて語るための共通言語と、共有された語彙を手に入れました。

UIテストについて説明する次の章では、UIテストとは何か、そして重要な機能がきちんと動いていることを確かめる上で、UIテストが占める重要な役割に踏み込んでいきます。それでは始めましょう。

2章
ユーザーインターフェイステストに触れる

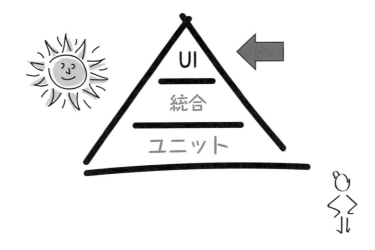

　この章では、数ある自動テストの手段の中で最もエンドツーエンドテストの色が濃い、ユーザーインターフェイステストの書き方を見ていきます。

　良いUIテストの書き方を学ぶと、ソフトウェアの主要な機能が常に稼働していることを保証できるだけでなく、ソフトウェアの中でも、より注意を要する複雑な部分の手動テスト——たとえば探索的テストに、多くの時間を割くことができます。

　あなたがテストを担当しているなら、より良いUIテストを書く使命を持っているはずです。きっとこの章が、参考になるでしょう。また開発者にとっても、自動化されたUIテストのフレームワークがどう動くかについての理解が深まるはずです。結果的に、アプリケーションのテスト容易性を向上できるようになります。

　この章を読み終える頃には、UIテストとは何か、どのように動くのかを理解し、システムの主要部分が常に稼働していると確信できる、非常に便利なツールを手にしていることでしょう。

2.1　いつもの失敗リリース

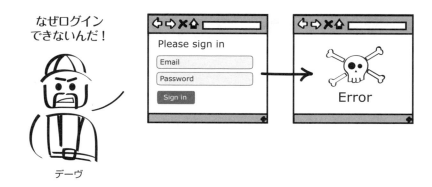

　建設管理者のデーヴは、普段は温厚な人物です。しかし、今日の彼は怒り心頭です。デーヴが怒っているのは、労働許可システムのログインページが動かないという事態が、今月になって2回目だからです。それはつまり建設技師たちがログインできず、労働許可を得られないことを意味しています。これでは彼らは合法的に働くことができません。そしてデーヴは、故障の理由を知りたがっています。

　通常、私たちはリリース前にひととおりの手動テストの手順を実施してきましたが、担当のスージーが休暇を取るため、リリースを1日早めたということは、開発者に伝わっていませんでした。

　明らかにコミュニケーションの問題が発生しており、長期的にはその対処が必要です。しかし喫緊の課題は、同じことを二度と起こさないと保証するために、今すぐできることを試すことです。単純にシステムにログインして何らかの操作をし、何かエラーが発生したらレポートを返すテストは、作れないでしょうか。

2.2　ユーザーインターフェイステストを始めよう

　ユーザーインターフェイステスト（UIテスト）は、アプリケーションをエンドユーザーが操作するのと同じようにテストするスクリプトです。クリック、タップ、選択、ログイン、その他、私たちが行うような動作をするため、直観的に理解できます。

UIテストの良いところは、アプリケーションのすべての層を通過して、エンドツーエンドで動く点です。エンドツーエンドとは、ユーザーインターフェイス、基盤となるサービス、データベースへの接続などアプリケーションのさまざまな箇所をすべて動かすことを意味しています。このことが、UIテストを「接続性のテスト」として優れたものにしており、高レベルなスモークテストとして使われている理由です。

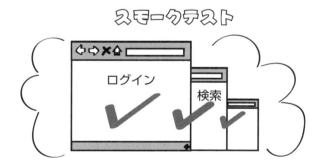

スモークテストは、システムが基本的なレベルで稼働していることを確認する高レベルのテストです。これは次のことを確認できる点で、有用です。

- アプリケーションが適切にデプロイされていること。
- 環境が適切に設定されていること。
- アーキテクチャのすべてのパーツが正しく接続されていること。

「スモークテスト」という表現は、その昔、電気機器が故障なく動いていることを確認するために、電源を入れても煙が出ないか確認していたことから来ています。もしも煙が出たら——もちろんNGです。

ソフトウェアテストにおいてスモークテストが好まれるのは、致命的な不具合を発見してく

れることよりも、システムが常に稼働していることを、最低限のレベルで保証してくれるからです。これがUIテストの利点でもあります。

　ログインを例にとって見てみましょう。ログイン機能のUIテストを書こうとしているとき、ユーザーが認証情報を入力し、システムにログインし、ウェルカムページへリダイレクトされることを確認するには、テストでどのようなステップを踏めば良いでしょうか？

　少し時間を取って、このテストに必要なステップを自然言語で書き出すことができるかどうか、みなさんで確認してみてください。テストの最後に何を確認すべきかまで明らかにできれば完璧です。

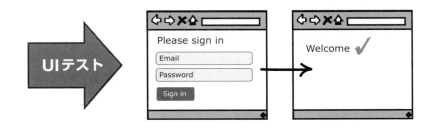

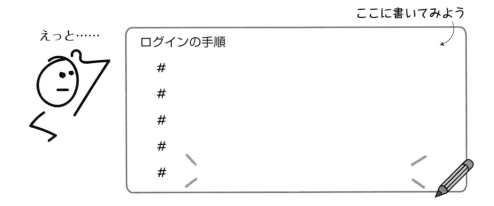

　基本的な手順を書きおろすことはできましたか？　UIテストを書くときには、よく同じことをします。まずユーザーとして何をするかを考え、そしてその手順をテストの形式で書き出します。では、ここからは、自動化する方法を見ていきます。

2.2 ユーザーインターフェイステストを始めよう

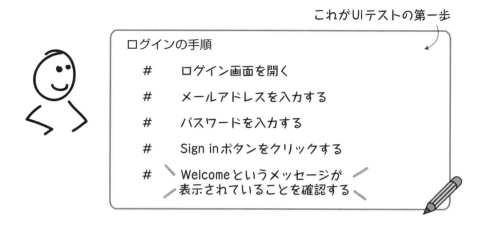

まず最初にログインページに遷移します。ページが開いたら、メールアドレスとパスワードを入力します。次に［Sign in］ボタンをクリックしてログインします。そして、ウェルカムページに無事リダイレクトされたことを確認したくなるでしょう。

この手順が明文化できれば、あとは単純にテストコードへ変換するだけです。例えばこのようなコードになります。

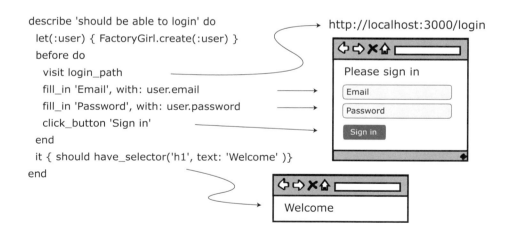

これで初めての自動テストができました。最初から全部を理解できなくても気にしないでください。この後、1行ずつ説明していきます。

また、本書では基本的な部分を体験してみるだけと考えてかまいません。こういったテストコードの具体的な書き方について、より詳細で専門的な説明をしている書籍は他にもたくさん

あります。

　ここでは例としてRuby on Railsを使います。これから説明していくポイントについては、みなさんの好みのテスト／開発用フレームワークでも同じように成り立ちます。

　今回のテストは言語はRubyで、RSpecというフレームワークを使って書かれています。RSpecでは、テストの名前を`describe`と`do`というキーワードの間にクォートで挟んで記述します。今回の場合は、テストの名前は`should be able to login`になります。

```
describe 'should be able to login' do
```

　次の行では、テスト用のダミーユーザーを作成します。

```
let(:user) { FactoryGirl.create(:user) }
```

　ユーザー情報がないとログインはできません。この行では、`FactoryGirl`と呼ばれるRailsのgemを用いて、ユーザーを作成しています。gemとは、Rubyのライブラリを指す言葉です。gemという言葉が出てきたら、単にライブラリのことだと思っておいてください。この行でやっていることは、テストで使えるユーザー名とパスワードを持ったダミーユーザーを利用可能にすることです。

　ここまで準備ができたら、ついにログインページを開くことができます。テストコードでログインページを開く箇所は次の行です。

```
visit login_path
```

　この行の実行内容は、ほぼ書いてあるとおりです。ログインページのURLに直接遷移して、ログインページを開きます。Railsでは、便利なことにログインページのURLは`login_path`という変数で定義されています。この変数は、実際には`http://localhost:3000/login`というURLを指しています。

　テストケース内でよく使われるURLを記述するときには、変数を使う。

　Railsが変数の管理をしてくれるので、ログインのURLを覚えておいたり、使いたくなるたびにいちいちタイプする必要はありません。変数を使うとテストが読みやすくなる効果もあるため、テストの中では、出来る限り変数を使いましょう。

　次の3行は、わかりやすいですね。

```
fill_in 'Email', with: user.email
fill_in 'Password', with: user.password
click_button 'Sign in'
```

最初の2行では、先ほど作ったダミーユーザーを使って、ユーザー名とパスワードをそれぞれのテキストボックスに入力しています。そして3行目で［Sign in］ボタンを選択し、クリックします。

簡単に読めました。ここでは文字通り、正しいユーザー認証情報を使って、メールアドレスとパスワードのテキストボックスに入力しています。

残るは、ウェルカムページに正しくリダイレクトされたことを確認する単純な1行だけです。確認のためには、'Welcome'というテキストを含むHTMLのH1タグを見つけられればOKです。

```
it { should have_selector('h1', text: 'Welcome' ) }
```

おめでとうございます！ 初めてのUIテストを読み終えることができました。

ここまでの理解だけでも十分な進歩ですが、実際にテストを実行するときには、裏で動いているブラックボックスの部分がまだまだ存在しています。

もう少し深く入り込んで、これらのUIテストのフレームワークがどうやってWebページ内の要素を簡単そうに見つけているのか、そして操作対象の要素をどのように把握しているのかを見ていきましょう。

キャプチャーリプレイを避ける

　自動化されたユーザー操作を検討するとき、キャプチャーリプレイ（自動記録と再生）の機能を持ったツールでUIテストを行うのが良いと思われるかもしれませんが、たいていはうまくいきません。理由はいくつかあります。

　まず、キャプチャーリプレイツールで生成されたテストは、不安定で脆いものになりがちです。UIのほんの1か所を変更しただけで、あっという間にテストが壊れてしまいます。

　2つ目に、キャプチャーリプレイは可読性を大きく低下させます。ツールが生成したテストは、機械が実行する上では問題ありませんが、人間にとっては読みにくいものになります。

　そして3つ目として、キャプチャーリプレイを使うと、テストをきれいに整理するための最大の武器を失うことになります。その武器とはコーディングです。直接テストコードを書くことで得られるメリットは、計り知れないものがあります。

　再利用可能なコンポーネントを作ることもできますし、実行結果を完全にコントロールできます。そして、テストによって何が起きているのかを細かく把握できます。キャプチャーリプレイを使うと、これらすべて諦めなくてはなりません。

　キャプチャーリプレイを単なる実験、学習や、ちょっとしたトライアルに使うのは構いません。ただし、実運用するテストを書くときには、キャプチャーリプレイはやめておきましょう。

> 素早く「何か動くもの」を作ることはできるかもしれませんが、間違った方向に進んでしまう可能性があります。

2.3 UIテストの仕組み

あなたがUIテストのフレームワークだったとして、自動テストの担当者が操作したい特定のページ要素を見つけるように指示してきたと想像してみましょう。どうすれば良いでしょうか？

合致する文字列を探す？　要素を型で指定して見つけようとする？　あるいは、特定の要素を他のものと区別するためのユニークなIDを探す、でしょうか？

実は、UIテストのフレームワークは上記すべてを行っています。そして、Webページで要素を探す場合には、HTMLとCSSという2つの主要技術を利用しています。

2.4 HTMLを使った検証

HTML（Hyper Text Markup Language）は、Webページのコンテンツを記述するために用いるマークアップ言語です。では、「記述する」とはどういうことでしょうか？　私たちがブラウザ上に何かを表示させたいときには、そこに表示されるべき内容を、何らかの手段で記述して指定する必要があります。

たとえば、見出し、リンゴの画像、そして1つの文を含むWebページを作りたいとしましょう。これは次のようなHTMLで表現できます。

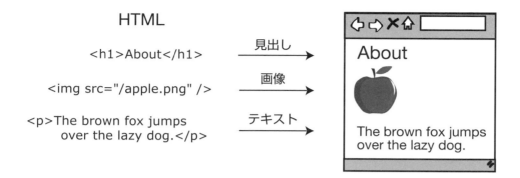

かぎ括弧で括られた部分（<h1>、<img>、<p>など）は「タグ」と呼ばれます。そして、記述したいコンテンツをこういったタグで囲むことを「マークアップ」と言います。

こういったタグは、自動UIテストを実行する際にフレームワークが実際に探す対象であり、非常に重要です。

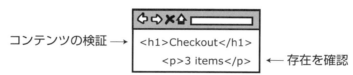

UIテストのフレームワークに対して「どんなコンテンツがWebページに存在するか、あるいは存在しないか」というアサーション（真か偽を返す命令）を入れたいときや、あるコントロールの存在を確認したいときには、これらのタグを使ってWebページのどの部分を対象にしたいのかを伝えます。

ただし、タグの情報を手に入れるには、まずタグを選択する必要があります。そのために使えるのが、CSSです。

2.5　CSSを使った要素の選択

CSS（Cascading Style Sheets）は、HTMLと同じくマークアップ言語の一つですが、コンテンツではなく「スタイル」をマークアップします。

たとえば、Webページのコンテンツのちょっとした仕上げとして、ページをきれいなフッタ、ヘッダ、メインコンテンツに区切ってレイアウトするとしましょう。コンテンツは従来通りHTMLで表現しますが、スタイルの情報はCSSに入れます。

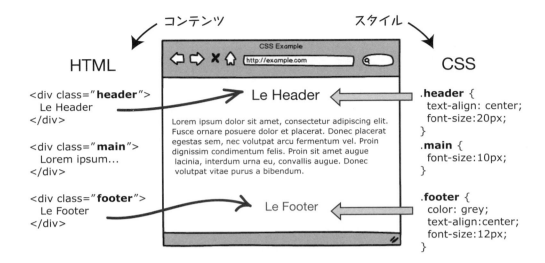

CSSはWebページの見た目を定義します。要素のレイアウトも扱いますし、テキストの色やサイズも定義します。加えて、CSSはUIテストでも役に立つ、ある特性を持っています。それは、ページの要素を選択する機能です。

CSSセレクタを使って要素を選択できる

CSSセレクタと呼ばれるものを使うと、テストで操作したいページ要素を取得して、ユーザーが実際にシステムを使うときと同じように操作できます。

指定されたWebページのすべてのテキストボックスを取得するとしましょう。次のようなCSSセレクタで実現できます。

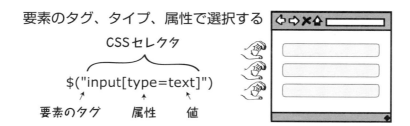

この書き方は、最初は少し見慣れないかもしれません。$()は、指定したCSSセレクタに合致するページ内のすべての要素を取得したい場合にブラウザで使えるショートカットで、タイピングの量を減らしてくれます。

重要なのは$()の中身です。この部分を「セレクタ」と言います。

前述のセレクタの読み方は、次のようになります。

> type属性がtextであるinputタグをすべて取得する。

Webページに対して、このセレクタを実行すると、上に書かれたとおりの検索が実行され、type属性がtextとなっているすべての要素が返されます。

CSSセレクタがうまく動かない場合

正しいCSSセレクタを書いたはずなのに、なぜか結果が空になってしまうというときには、

`$("")`

を次の表現に置き換えてみてください。

`document.querySelectorAll("")`

$()という記法は、jQueryというライブラリで「指定した要素を取得する」という意味のショートカットになっています。jQueryはとてもポピュラーなJavaScriptのライブラリなので、多くのWebサイトで使われています。しかし、もしこの記法では何も取得できないWebサイトに遭遇したら、置き換え後のより長い記法を使ってみてください。この記法のほうが、画面の要素を取得するためのより正式な記法です。

つまり、`$("#user_name")`であれば`document.querySelectorAll("#user_name")`のように置き換えることで、問題を解決できるはずです。

もう少し厳密に言うと、jQueryを用いているサイトにおいて$()はjQuery()のショートカットであり、ブラウザのデベロッパーツールの$()とは意味が異なります。デベロッパー

> ツールで要素を取得するショートカットとしては`$()`や`$$()`があり、それぞれJavaScriptの`document.querySelector()`、`document.querySelectorAll()`に相当します。jQueryを用いていないサイトで`$()`を使うと`document.querySelector()`の意味になり、セレクタに対応する最初の要素一つだけが取得されることになります。ですので、そういった場合は`$$()`もしくは`document.querySelectorAll()`を使えば良いということになります。ちなみにjQueryを用いているサイトでこれらを使用しても問題ありません。
>
> このページ（https://developers.google.com/web/tools/chrome-devtools/console/expressions?hl=ja#_2）にGoogle Chromeに付属のデベロッパーツールの使い方が解説されています。このツールを使ってCSSセレクタのチェックを行う方法については、本書の3章でも詳しく解説しています。

これで複数のテキストボックスを取得できるようになりました（WebページにCSSでスタイルを指定するときには、よくこういった指定をします）。しかしUIテストの場合には、通常、取得したいのは操作の対象になる一つの要素だけです。

特定の一要素を取得する方法の一つは、CSSを少し変更し、位置を使って要素を特定することです。

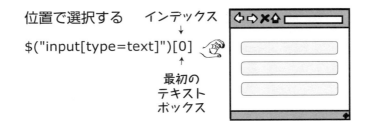

また見慣れない表現が出てきましたね。まず、返ってきた結果が配列の形になっています（角括弧に0が入っている部分）。さらにおかしなことに、配列の最初の要素が0から始まっています。

配列の要素が0番目から始まるのは、コンピュータプログラミングの昔からのしきたりで、メモリ割り当て時の計算をシンプルにすることに関係しています（1から数えるよりも、0からの方が簡単なのです）。このやり方は慣習となり、ほぼすべてのプログラミング言語で、配列の最初の要素を取得する標準的な方法として採用されています。今回の場合は、[0]を指定することで、いちばん最初のテキストボックスを取得しています。

位置を使って要素を取得できるようになりました。ここで注意が必要です。

UI要素を位置で取得するときに注意することとは？

要素の位置に依存するUIテストを書いてしまうと、ページのレイアウトが変更されたときに何が起きるでしょうか？

残念な予想どおりです。要素の位置や順序が変わっているため、テストは壊れてしまいます。これが、UIテストが脆弱になる理由の一つです。

これを避けるには、UI中の要素を一意に特定する何かで選択すると良いでしょう。Webページの場合であれば、IDによる選択が使えます。

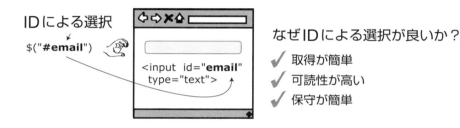

選択したい要素にIDを付けておくことで、要素の取得が格段に楽になります。

こうすれば、セレクタに合致する要素が1つだけ返ってくることを保証できます。さらにどんなIDをつけるかを自分で決めることができれば、適切でわかりやすい名前をつけることができ、テスト自体も読みやすいものにできます[*]。

以上の内容はWebに限らず、UIテストのフレームワークの一般的な作法です。選択したい要素に一意のIDを付与しておき、そのIDを使って要素を選択します。Webの場合には、その選択方法がCSSセレクタなのです。

2.6　この章で学んだこと

ここまでの理解は大丈夫でしたか？　少し抽象的でわかりにくい部分があるかもしれません。この後は、すぐにもっと具体的な話を見ていきます。抽象的な理解は、いったん置いておいても良いでしょう。

この章で学んだ重要なポイントを振り返ってみます。

---

[*] 訳注：IDを付けたからと言って、必ず要素が一意に指定できるとは限りません。1つのページ上でIDは一意にするのがHTMLのルールですが、実際にはIDが重複していても、ブラウザでページを描画することは可能です。IDを使う場合には、そのIDが付いている要素が本当に1つだけかどうかを確認するようにしましょう。自分でUIを作る場合にも、IDの重複がないように留意しましょう。

- UIテストはエンドツーエンドのスモークテストとして有用である。
- キャプチャーリプレイのスクリプトよりも手で書いたテストコードの方が望ましい。
- テストでアサーションを入れるときにはHTMLのタグを対象にする。
- ページの要素を選択するときにはCSSセレクタを使う。
- HTMLのIDが付いている要素は取得しやすい。

ではこの内容を実践に活かして、レガシーシステムに自動UIテストを追加する作業の具体例を見ていきましょう。デーヴは、今すぐにでもテストを書いてほしいという顔をしています。

3章
レガシーシステムにUIテストを追加する

デーヴが持っている古いWebページで、もう一つ最近うまく動かないものがありました。彼の顧客がサインアップ（新規登録）するための画面です。

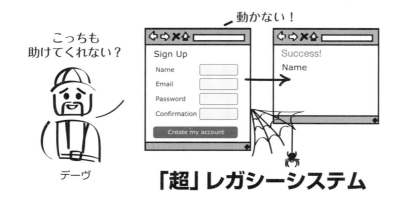

一見すると、そのページはこれまで見てきたシステムのログインページにとてもよく似ています。ところが、前章でやったのとよく似たUIテストをそのページに対して書いてみたところ、実行に失敗してしまいました。

```
describe 'When creating a new user' do
  subject { page }
  describe 'with valid credentials' do
    before do
      # 新規ユーザー作成
      visit signup_path
      fill_in 'Name', with: 'New User'
      fill_in 'Email', with: 'user@example.com'
      fill_in 'Password', with: 'foobar'
      fill_in 'Confirmation', with: 'foobar'
      click_button 'Create my account'
```

```
    end
    describe 'after saving the user' do
      # 前のステップで作成したユーザーのデータを取得
      let(:user) { User.find_by(email: 'user@example.com') }

      # アサーションを行う
      it { should have_content(user.name) }
      it { should have_selector('.alert-success') }
    end
  end
end
```

　以前のログインページのテストで使えたコードやセレクタは、なぜかここではうまく機能しません。テストを実行しようとすると、「Name, Email, Passwordというフィールドは見つかりません」といったエラーメッセージが表示されます。

　理由を探るために、テストコードを一から書いてWebページ上で何が起きているかを見てみましょう。合わせて、一からUIテストを書くときに役立つテクニックについても紹介します。

3.1　ステップ1：正しい画面にいることを確認する

　何か手の込んだことをする前に、まず正しい画面でテストしていることを確認すると良いでしょう。ある画面のテストをしていると思い込んでいて、実はうっかり別の画面を見ていることがあります。この、無駄にしてしまった時間は計り知れません。

　正しい画面を見ていることを確認する最も簡単な方法は、単純にその画面を開いて、返ってくるHTMLを出力してみることです。

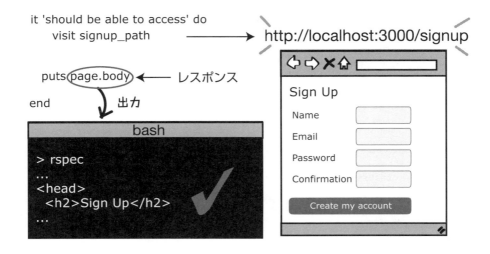

　HTTPのリクエストとレスポンスの仕組みについては、まだ解説していませんが（「4章 統合テストで点と点を結ぶ」で触れます）、ここでやっているのはWebページに接続して、そのコ

ンテンツを出力するということです。

見覚えのあるHTMLが出力されていれば（この場合は、探しているヘッダやテキストボックスが含まれていれば）、正しい画面にいることを確認できます。もしそうでなければ、自分を褒めてあげましょう。今あなたは、テストコードの最初のバグを見つけたのです。

テスティングフレームワークを使ってHTMLのレスポンスを出力するのは、多くの場合、簡単です。Webサーバーからのレスポンスを取得した後、それを出力するだけです。出力用のコードはこのようになります。

言語	出力用のコード
Ruby	puts "hello"
Java	System.out.println("hello");
Python	print("hello");
JavaScript	console.log("hello");
C#	Console.WriteLine("hello");
Objective-C	NSLog("Welcome");

正しい位置にいることがわかったら、セレクタの話に戻りましょう。

3.2　ステップ2：正しいCSSセレクタを見つける

UIテストを動かす前に、操作したいコントロール（テキストボックス、プルダウン、ボタンなど）を取得する必要があります。今回の場合は、ユーザー情報の詳細を表す4つのテキストボックスと、フォームを送信するための［Create my account］ボタンです。

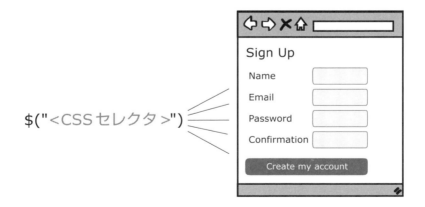

Webページでこれを行うためには、画面を構成するHTMLを調べて、必要な要素を取得するためにどんなCSSセレクタを使えば良いのかを確認します。

一例として、好みのブラウザ（以降の例ではGoogle Chromeを使用します）を開き、テス

ト対象の画面を開きます。好きなところで右クリックし、メニューから「ページのソースを表示」を選んでください。

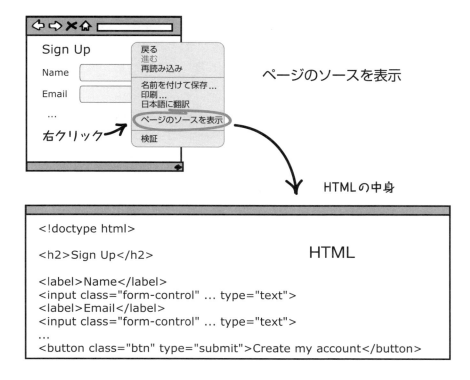

「ページのソースを表示」を選ぶと、画面上のコントロールや、その他画面を構成するすべての要素を含むHTMLが表示されます。

このレガシーなHTMLの中で、選択したいコントロールを見ていくと、これまでに書いていたテストが動かなかった理由がすぐにわかりました。選択しようとしている画面要素に、まったくIDが付いていないのです。

コントロールを掴めない理由は明白です。テスティングフレームワークは、各コントロールが name、email、password といったIDで一意に識別されることを期待していたのですが、実際にはそうなっていなかったため、要素を取得できなかったのです。

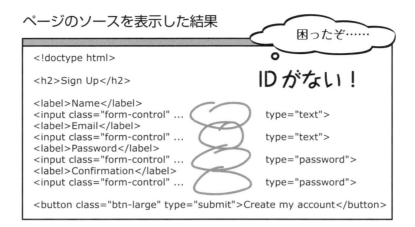

IDがなくても、他に要素を取得する方法はありますが、このことで、コントロールの取得が難しくなったのは確かです。

IDを使うメリットは数多くあります。まず、操作したい要素のIDさえわかればそれで済むので、CSSセレクタを書くのが容易になります。しかしさらに重要なのは、適切に命名されたIDがある場合では、ない場合に比べて、CSSが暗号めいた書き方にならずテストがより読みやすくなることです。

ページのソースを表示した結果

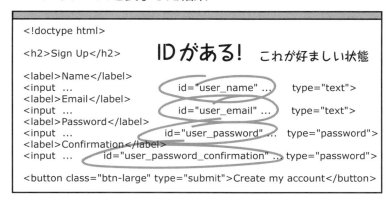

フレームワークに組み込まれた便利機能

　テスティングフレームワークによっては、画面要素の選択を簡単にしてテストコードの作成を楽にしてくれるような便利機能、アフォーダンスともいうべきものを備えていることがあります。

　たとえば、最初のログイン画面のUIテストでテキストボックスを選択するためには、'Email' という記述が使えました。

```
fill_in 'Email', with: 'user@example.com'
```

　しかし、顧客用のサインアップ画面では、'user_email' と書かなければなりませんでした。

```
fill_in 'user_email', with: 'user@example.com'
```

　これは、ログイン画面のテストではEmailという文字列がテキストボックスの中でプレースホルダ[*]として使われていたのに対し、顧客用のサインアップ画面では特にプレースホルダがなかったためです。

　これが、テスティングフレームワーク（今回の場合はRails用のCapybara[†]と呼ばれるライブラリ）がテストの作成を楽にしてくれる組み込み機能の例です。

---

[*] 訳注：テキストボックスに未入力の状態で最初から表示されている文字列。多くは、グレーアウトされている。
[†] http://teamcapybara.github.io/capybara/

手元のテストコードが、本書のものと同じ書き方でなくても、気にしないでください。フレームワークによって文法は異なっていて、すべてが同じような便利機能を持っているとは限りません。

画面の要素にIDを追加すると、テストコードは次のようになります。

```
before do
  # 新規ユーザー作成
  visit signup_path
  fill_in 'user_name', with: 'New User'
  fill_in 'user_email', with: 'user@example.com'
  fill_in 'user_password', with: 'foobar'
  fill_in 'user_password_confirmation', with: 'foobar'
  click_button 'Create my account'
end
```

かなり良くなりました。読みやすくなったし、今度こそ実行できるはずです。

 画面の要素にID属性を付与するとテストしやすくなる。

テストを書きやすくしたいときのシンプルな解決策は、画面の全要素にIDを付けておき、それを使うことだとわかりました*。

では、ちょっと寄り道をして、より不安定で普通は選ばない方法を使ってみましょう。要素に一意なIDを付けることができなかった場合、セレクタの書き方がどうなるかを見ていきます。

名前のテキストボックスを取得するために必要なCSSセレクタを見つけるところから始め

---

* 訳注：ログインや登録などの機能を持つボタン、メールアドレスや氏名のような一意性のある情報の入力欄にIDを付けることは有効です。ただし、複数ある検索結果の中の最初の1要素など、必ずしもIDが付いていれば指定しやすいものばかりとも限りません。それらのケースにも対応できるようにするため、この後説明していくような、一般的なCSSセレクタの記述も学んでおく必要があります。

ます。

　画面上のコントロールに対応するHTMLを確認するための、手っ取り早くて簡単な方法は、要素の上で右クリックして**検証**メニューを選択することです。

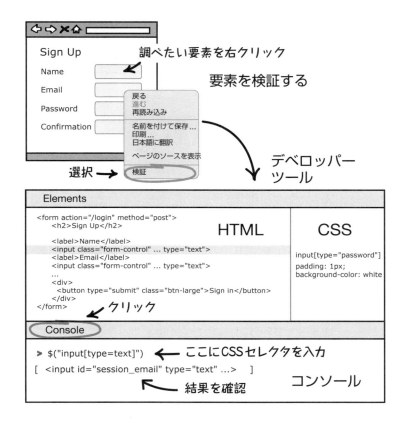

　検証機能を使うと、調べたいコントロールに対応しているHTMLの行を直接参照することができ、スタイルの設定に使われているCSSも表示されます。

　もう一つの便利な機能も紹介します。最近のモダンブラウザでは、デベロッパーツールの中に**コンソール**があり、自分で書いたCSSセレクタをテストすることができます。

　たとえば、`$("input")`というセレクタが、意図したテキストボックスを取得してくれるかどうか確認したいとしましょう。ブラウザのコンソールを開いて、CSSを打ち込みます。

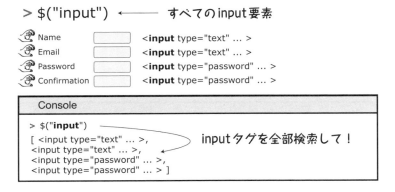

コンソールウィンドウに`$("input")`と入力してリターンキーを押下すると、ブラウザはセレクタにマッチする画面要素をすべて出力します。今回の場合は、Name、Email、Password、Confirmationの4つのテキストボックスが取得できます。

検索結果をもう少し改善するために、type属性がtextとなっているテキストボックスだけを取得するように、セレクタを変えてみましょう。

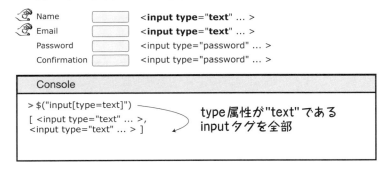

パスワード用のテキストボックスが除外され、残っているのはNameとEmailの2つになりました。

この時点で、この2つのテキストボックスを区別する明示的な機能はありません。そこで、位置によってNameを選択します。

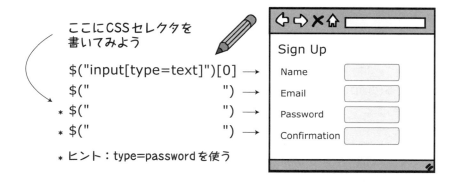

やりました！ 無事にNameのテキストボックスを取得できました。同じようにして、ほかの3つについてもどのようなCSSセレクタになるか見てみましょう。

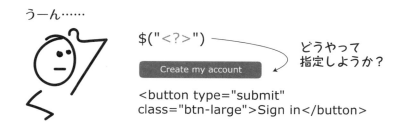

OK、これでテキストボックスについては解決しました。では［Create my account］（アカウント作成）ボタンはどうなるでしょう？ どんなセレクタを使えば良いでしょうか？

方法はいくつかあります。タグの名前で`$('button')`と指定することもできます。ボタンが複数ある場合には、先ほどのように位置で指定できます。もう少し美しい方法としては、class属性を使った指定も可能です。

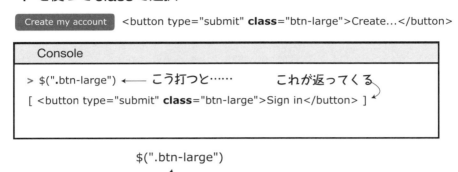

class属性は、CSSセレクタでWebページの要素にスタイルを適用するときに使います。幸運なことに、同じ機能を自動テストで要素を取得するときにも使うことができます。

btn-largeの前の"."（ドット）は、classを使って要素を取得するためのCSSの記法です。取得しづらい画面要素があってどう選択していいかわからないとき、classによる指定はとても役に立ちます。要素を選択するときには、タグ名だけでなくclassの値も指定するようにすれば、取得しづらかった要素も複雑なセレクタを書くことなく取得できるようになります。

ボタンの選択ができたので、画面の要素を取得する準備がすべて整いました。

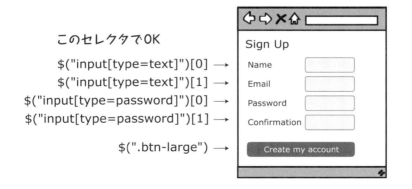

テストコードに反映させると次のようになります。

```
before do
  # 新規ユーザー作成
  visit signup_path
  all(:css, 'input[type=text]')[0].set('New User')
  all(:css, 'input[type=text]')[1].set('user@example.com')
  all(:css, 'input[type=password]')[0].set('foobar')
  all(:css, 'input[type=password]')[1].set('foobar')
  find(:css, '.btn-large').click
end
```

一応完成しましたが、コードが読みづらいですね。少なくとも私にとっては、目に優しくないテストに見えます。とりあえず、順に何が起きているか追ってみましょう。下の行は画面全体をスキャンして、'input[type=text]'というCSSの選択条件にマッチする要素を探しています。

```
all(:css, 'input[type=text]')[0].set('New User')
```

そして、見つかったテキストボックスに`set('NewUser')`で文字列を入力しています。パスワードについても同様です。

次の行も同じ要領で、文字列を入力する代わりにボタンをクリックしています。

```
find(:css, '.btn-large').click
```

このようにコードを読んでいくことは不可能ではないですが、読み解く作業が負荷になるため、実際にテストを書く際には避けたいところです。今のままでは、どの要素が選択されているのかがすぐにはわからず、何が起きているのか理解しづらくなっています。

要素にIDがない状態で自動UIテストを書くことの欠点は、ここにあります。可読性がきわめて低くなってしまうのです。さらに問題なのは、テストが壊れやすくなることです。誰かがほんの少し要素のレイアウトを変えただけで、テストは動かなくなってしまいます。

これまで述べてきたように、画面要素には一意なIDを付与して、それを使ってテストを書くのが良いという理由がわかっていただけたでしょうか。CSSでは、要素をIDで選択するときには、IDの文字列の前に#を付けます。

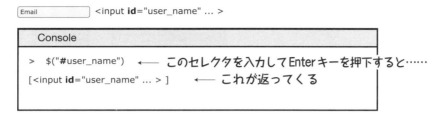

ここまで、通常のCSSを使って画面要素を取得する方法を学びました。また、何かの理由でIDを使った選択ができない場合には、通常のCSSを使って要素を取得できることもわかりました。

これを踏まえて、今度はアサーションを書いてみましょう。

3.3 ステップ3：アサーションを追加する

やっと楽しいところに来ました。困難な作業を終えて全部のセレクタを書き終えたところで、腰を落ち着けてきちんとテストを仕上げていきましょう。

アサーションは、ソフトウェアで成り立つべき条件を、コードの形式で表現したものです。今回の場合は自動テストのコードとして表現します。

サインアップ画面のテストについては、次の2つのアサーションがあれば良いでしょう。

- 有効な認証情報を入力したユーザーがサインアップできる。
- 無効な認証情報を入力したユーザーがサインアップできない。

では最初のアサーションから始めましょう。

3.3.1 有効な認証情報でテストする

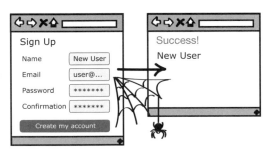

このストーリーの受け入れ条件から考えると、ここでテストすべきことは3つありそうです。

- ウェルカムページへリダイレクトされること。
- ユーザー名が表示されること。
- 画面の上部に処理成功のメッセージが表示されること。

メッセージについては後回しにして、まず最初の2つをやってみましょう。

有効なユーザーの認証情報を入力して［Create my account］ボタンを押下すると、ウェルカムページのどこかに入力したユーザー名が表示され、リダイレクトがうまくいったとわかります。これは、次のような単純なアサーションでチェックできます。

```
it { should have_content(user.name) }
```

この行は画面全体をスキャンしてuser.nameに等しい文字列を探し、見つからなかった場合はそれを知らせます。

メッセージのほうはもう少し複雑です。要素が存在するかどうかの確認を入れる前に、メッセージを含む要素をどうやって選択するかを明らかにする必要があります。

メッセージを右クリックしていつもどおり検証ツールで選択すると、メッセージはHTMLの領域を表すdivタグになっており、2つのCSSのクラスが付与されていることがわかります。

今やりたいのは、この div タグを取得して存在を確認することです。メッセージのタグを取得する方法は2つあります。最初の alert というクラスで選択しても良いし、次にあるものよりも細かい alert-success を使っても良いでしょう。

```
Console
>   $('.alert')
[ <div class="alert alert-success">Success!</div> ]
>   $('.alert-success')
[ <div class="alert alert-success">Success!</div> ]
```

どちらでもうまく行きます。しかしこの後、無効な認証情報の場合のテストでエラーメッセージのチェックをしたくなることがわかっているので、より詳細な指定のできる alert-success を使いましょう。

```
it { should have_selector('.alert-success') }
```

良い質問ですね。些細なことに見えますが、重要なポイントです。

UIテストは脆弱になりがちです。より詳細に、UIに対して密結合にすればするほど、テストは壊れやすくなります。ですから、UIテストを書くときにはなるべく疎結合に、詳細になりすぎないようにすることを心がけてください。

今回の場合、メッセージの内容までチェックする「密結合なアサーション」の例は次のようになります。

```
it { should have_selector('.alert-success', text: 'Success!') }
```

それに対して、メッセージの中身は見ずに、存在の有無だけをチェックする疎結合なテストはこうなります。

```
it { should have_selector('.alert-success') }
```

違いがわかりましたか？ 1つめのケースでは文字列をチェックしていますが、2つめでは見ていません。

UIテストを書くときには、この「テストをどこまでUIと結びつけるか」をしっかり決めておく必要があります。結合が密になるほど、テストは壊れやすくなります。

コツはテストを「緩く」書くこと、ただし緩くし過ぎないことです。ここで言う「緩い」とは、詳細に結びつけ過ぎないという意味です。変化する内容は気にせずに、要素の存在の有無だけをチェックするのも一つの方法です。

それにしても良い質問でした。これは恐らく初めてUIテストに取り組む人が陥る、最も大きな落とし穴で、しかもありがちな失敗の一つです。

 UIテストは緩く保つ。詳細なUIと結びつけ過ぎてはいけない。

有効な認証情報でサインアップするテストを少しきれいに整理して一意なIDを振ると、次のようになります。

```
describe 'When creating a new user' do
  subject { page }
  describe 'with valid credentials' do
    before do
      # 新規ユーザー作成
      visit signup_path
      fill_in 'Name', with: 'New User'
      fill_in 'Email', with: 'user@example.com'
      fill_in 'Password', with: 'foobar'
      fill_in 'Confirmation', with: 'foobar'
      click_button 'Create my account'
    end
    describe 'after saving the user' do
      # 前のステップで作成したユーザーのデータを取得
      let(:user) { User.find_by(email: 'user@example.com') }

      # アサーションを行う
      it { should have_content(user.name) }
      it { should have_selector('.alert-success') }
    end
  end
end
```

beforeというキーワードは初めてですね。beforeから始まるブロックは、テストスイー

ト内にある各テストの前にそれぞれ実行されます。`before`を使うと、各テストの実行前にクリーンな状態を作りだし、テストを他のテストに依存しない独立したものにすることができます。フレームワークによっては、`setup`という名前になっていることもあります。

ここでは、テキストボックスの入力を埋めて［Create my account］ボタンをクリックし、成功後の画面にリダイレクトさせています。

`describe`から始まるブロックはユーザー作成がすでに成功して、リダイレクトが済んでいると想定しています。あとは、新しく作成したユーザーのデータを検索して、ユーザー名と、対応する処理成功のメッセージが表示されていることを確認するだけです。

```
describe 'after saving the user' do
  # 前のステップで作成したユーザーのデータを取得
  let(:user) { User.find_by(email: 'user@example.com') }

  # アサーションを行う
  it { should have_selector('.alert.alert-success') }
  it { should have_title(user.name) }
end
```

下の1行は、Railsの仕組みでメールアドレスによって今作ったユーザーを検索しているところです[*]。

```
let(:user) { User.find_by(email: 'user@example.com') }
```

次の行は、新しいユーザーの名前が画面のタイトルに設定されていることを確認するアサーションです。

```
it { should have_title(user.name) }
```

うまく行きましたね。次は失敗するケースについても同じようにやってみます。

3.3.2　無効な認証情報でテストする

サインインが失敗するケースは、成功するケースに似ていますが、ウェルカムページにリダイレクトされる代わりに同じ画面に留まり、画面上部にエラーメッセージが表示されるという点が異なっています。

---

[*]　訳注：この1行でどうやって検索をしているのか、と思ったかもしれません。詳細な解説は避けますが、Railsでは一定のルールに従ってデータを定義することで、データの読み書きをとても簡単に行うことができます。`find_by`はデータの属性の一部を指定して検索を行うための汎用的な機能です。詳しくはRailsの解説サイト（https://railsguides.jp/active_record_basics.html）を参照してください。

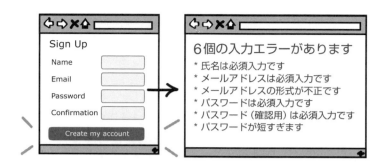

　出現したエラーメッセージ全部に対して、それぞれUIテストを書くこともできそうです。しかし、今はやめておきましょう（理由は「6章 ユニットテストで基礎を固める」で説明します）。その代わり、ここでは前のセクションと同じように、エラーメッセージの存在の有無だけを確認します。

　エラーメッセージのHTMLは次のようになります。

```html
<div id="error-explanation">
    <div class="alert alert-danger">
      The form contains 6 errors.
    </div>
    <ul>...</ul>
```

　CSSセレクタを使ってエラーメッセージの存在を確認するテストは、次のようになります。

```ruby
describe 'with invalid credentials' do
  before do
    visit signup_path
    click_button 'Create my account'
  end
  it { should have_selector('.alert.alert-danger') }
end
```

　ここでは、サインアップ画面を開いて何も認証情報を入力せずに［Create my account］ボタンを押下することでエラーメッセージを表示させています。

```ruby
before do
  visit signup_path
  click_button 'Create my account'
end
```

　そして、次のような1行のコードでエラーメッセージの存在をチェックします。

```ruby
it { should have_selector('.alert.alert-danger') }
```

認証情報が有効な場合と無効な場合のテストケースをまとめると、テスト全体は次のようになります。

```
require 'spec_helper'
describe 'When creating a new user' do
  subject { page }
  describe 'with valid credentials' do
    before do
      # 新規ユーザー作成
      visit signup_path
      fill_in 'user_name', with: 'New User'
      fill_in 'user_email', with: 'user@example.com'
      fill_in 'user_password', with: 'foobar'
      fill_in 'user_password_confirmation', with: 'foobar'
      click_button 'Create my account'
    end
    describe 'after saving the user' do
      # 前のステップで作成したユーザーのデータを取得
      let(:user) { User.find_by(email: 'user@example.com') }

      # アサーションを行う
      it { should have_title(user.name) }
      it { should have_selector('.alert-success') }
    end
  end
  describe 'with invalid credentials' do
    before do
      visit signup_path
      click_button 'Create my account'
    end
    it { should have_selector('.alert.alert-danger') }
  end
end
```

テストの内容がこのようにバラバラに表記されているのは見慣れないと思いますが、RSpecで書かれたテストは下の図のように`describe`ステートメントを繋ぎ合わせることで読めるようになります[*]。

RSpecのdescribeステートメントの読み方

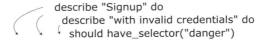
```
describe "Signup" do
  describe "with invalid credentials" do
    should have_selector("danger")
```

Signup with invalid credentials should have selector danger.
無効な認証情報でサインアップすると、dangerというセレクタが表示されている。

---

[*] 訳注：describeステートメントの中身は単なる文字列として扱われるので、日本語で書くこともできます。日本語にすると、本文にあるような「1つの文として読める」というメリットは失われます。書き方のルールを整備すれば、読みやすくすることもできます。後に続く"it should have..."との兼ね合いもあるため、基本的には英語で書くことを想定していますが、開発チームの特性によって使いやすいほうを選ぶと良いでしょう。

先頭から始めて、describeの内容を繋げながら下の階層に降りて文を構成していきます。テストの中にcontextを埋め込んで、共通する準備作業を再利用できるように整理するのも良いやり方です。このテーマについては、テストのグルーピングや整理に関する他の方法も含めて、「10章 テストを整理する」で解説します。

3.4　この章で学んだこと

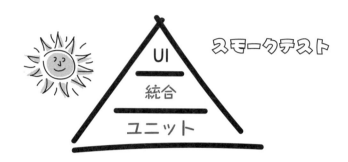

　よく頑張りましたね。UIテストに関する2つの大きな章を通じて、本当に多くのことを学びました。

- UIテストとは何か、どのように動くのか。
- CSSセレクタとは何か、WebのUIテストをくときにどのように使えるのか。
- 画面要素がIDを持っているとUIテストを書くのがどれだけ楽になるか。
- テストが脆弱にならないために、どうやってUIテストを「緩く」保つか。

　UIテストに納得できたら、次のステージである統合テストへ向かいましょう。
　もう、待ちきれないですね！ ページをめくれば、Webのテストの秘密がさらに解き明かされていきます。

4章
統合テストで点と点を結ぶ

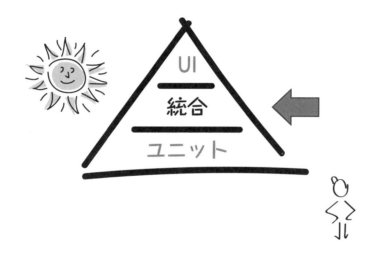

　統合テストを身につけてしまえば、怖いものなしです。バックエンドのWebサービスをテストできるだけでなく、ブラウザから行えるユーザー操作についても、シンプルなHTTPのコマンドを使ってスクリプト化し、テストできるようになるのです。

　テスターのみなさん、この章はHTTPなどのプロトコルがどんな風に動作するかを学ぶのに絶好の機会です。Webアプリケーションのテストをするにあたって、学んでおくに越したことはない知識です。

　開発者のみなさんには、この章はWebサービスのテストをする際に決まって必要になる情報を提供します。そして、UIテストに代わる武器となるツールについても知ることができます。

4.1 UIがない！

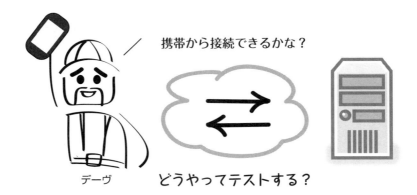

　ようやく私たちがUIテストに慣れてきたころ、デーヴが変化球を投げてきました。労働許可用の、新しいバックエンドのWebサービスのテストをしてほしいと言ってきたのです。問題はただひとつ、ユーザーインターフェイスがないことでした。

　さあ、どうすれば良いでしょうか？　何かWebページのようなものさえあれば、それを通してテストを実行することができます。しかし、このシステムにはユーザーインターフェイスがなく、画面からは手の届かないHTTPのエンドポイントしかありません。

　ここで新たな種類のテストが必要になります。UIを通す必要がなく、バックエンドのWebサービスを直接操作することができ、なおかつ不具合が起きたら迅速にフィードバックできる十分な速さをもったテストです。

4.2 統合テストを始めよう

　統合テストとは、複数の層を一つにつなげるテスト全般のことを指します。テストの名称にしてはやや曖昧です。UIテストも統合テストの一種ですし、技術的にはユニットテストだって統合テストと言えなくはありません（2つのオブジェクトが相互に通信し合うことを「統合」と呼ぶとすれば、です）。

　しかし本書の文脈では、IT業界でこの用語を使っている多くの人たちと同様、統合テストとはアプリケーションを動かしているサービスをテストするものと考えます。Webアプリケーションの場合で言うとそれはWebサービス、つまりWebサーバー上で動作し、HTTPのリクエストに対してレスポンスを返すプログラムのことを指します。

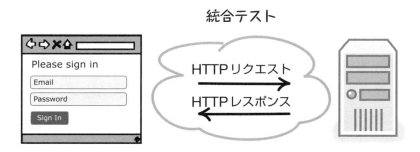

統合テスト

　統合テストが重要な理由はいくつもあります。まず、UIテストでは見つけにくい下位レベルの不具合、それも最下層のユニットテストのレベルでは見落としてしまうようなものを発見する上で、統合テストは非常に大切な役割を果たします。

見落としていた統合レベルの問題を発見するのに役立つ

　2つ目に、統合テストはUIテストの堅牢性とユニットテストの機動性の間のバランスをとってくれます。複数の部品がきちんとつながっていることを確認するために十分な堅牢性（統合レベルでの確認）と十分な機動性（スピードとフィードバック）を兼ね備えているため、反復型の開発を可能にしてくれます。

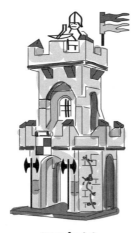

ちょうど良い
バランスを実現

堅牢性　&　機動性

　そして3つ目として、統合テストではシステムが構築されているのと同じレベルで、つまりこの場合はWebのレイヤでテストできます。アプリケーションを構成するサービスと同じレベルに食い込んでテストを書くので、普段Webに親しんでいるときに使っている多くのツールや技術を活用することができます。たとえばブラウザもその一つです。

　さて、Webサービスのテストをするのなら、まずWebについて知る必要があります。Webの仕組みを簡単におさらいしてみましょう。

4.3　Webの仕組み

　Webについて理解するためにまず知るべきなのは、とにかくすべてはURLから始まるということです。

　URL（Uniform Resource Locator）とは、Webページで何かをクリックしたときにブラウザの上部に表示されるリンクもしくはアドレスのことです。Facebookの更新情報、銀行のトランザクション、面白い猫の動画、すべてにURLがあります。そしてブラウザ上でこれらをクリックすると、不思議なことが起きます。

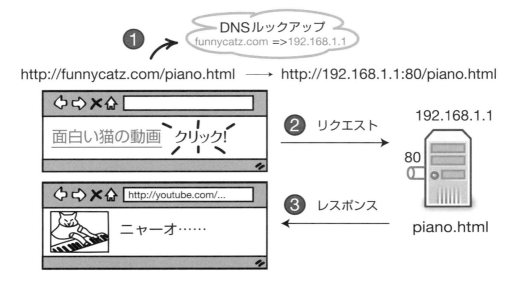

まず、DNS（Domain Name System）と呼ばれる検索サービスがクリックされたURLの一部を切り取り、IPアドレスと呼ばれるものに変換します。IPアドレスは、Webを通して見られる任意のリソースをホスティングしているサーバーの一意なアドレスです。今回の場合、piano.htmlというWebページがリソースにあたります。

IPアドレスが手に入ると、ブラウザはリクエストを満たすのに必要なURLを組み立てることができます。ブラウザによって生成されたURLは次のようになります。

最初のパートは**プロトコル**です。プロトコルは、ブラウザがホストサーバーへリクエストを送るときに使う通信方式を表しています。インターネットで使われるプロトコルには、他にメール送受信用のものやファイル転送用のものなどがあります。私たちがこれからWebのテストで取り扱うのは、基本的にHTTPというプロトコルです。

次は**IPアドレス**です。先ほども述べたように、取得対象のリソースをホスティングしているサーバーのアドレスのことです。

その後に来るのは**ポート番号**です。ポート番号は、サーバーが自分の所へやってくるリクエストを待ち受けているチャネルのことです。デフォルトでは80番ポートが使われますが、他の

番号を使うこともできます（3000番や8080番など）。

最後は**リソース**そのものです。これは取得しようとしているもの、つまり今回であればpiano.htmlという名前のHTMLで書かれたWebページです。

このURLを使ってブラウザはリクエストを送り、うまくいくとpiano.htmlというファイルと一緒に、画像やスタイルシートなどこのページをブラウザで表示するために必要な一通りのファイル群を含んだレスポンスを受け取ることができます。

テストを書いているときには、IPアドレスを直に目にする機会はそれほど多くありません（Railsの場合、URLは`login_path`のような変数で記述されます）。それでも、こういった仕組みを理解しておくことは重要です。

ドメイン名ではなくIPアドレスを直接入力しないとアクセスできない内部向けのテストサーバーを使うことはよくあるはずです。そんなときもURLの構成について知っていれば、単にURLの一部がIPアドレスの形式になっているだけだと理解できます。

よくぞ聞いてくれました。これまで説明してきたURLというもの、つまり私たちがWebブラウジングするときにクリックする対象ですが、これを使ってHTTPを対象にした統合テスト

を駆動できるのです。

　ブラウザで起きている動作を確認し、それを対応するURLに変換する方法さえわかれば、こっちのものです。URLを使ってWebサービスを直接テストすることになっても、まったく問題はありません。

　でもその前に、もう一つ覚えなければいけない言語があります。それは、**HTTP**です。

4.4　HTTPでおしゃべりする

　世界で最もポピュラーな言語というと、みなさんは中国語、スペイン語、あるいは英語を思い浮かべるかもしれません。しかし、そうではないのです。今日の世界を動かしているのは別の3つの言語、すなわちHTTP、HTML、そしてCSSです。

　HTTPは **Hypertext Transfer Protocol** の略で、Webの世界で情報をある場所から他の場所へ送受信するためのプロトコルです。

　ブラウザ上でハイパーリンクをクリックしたり別のWebページを開こうとしたりするたびに、HTTPのGETリクエストと呼ばれるものがブラウザからサーバーへ送られます。

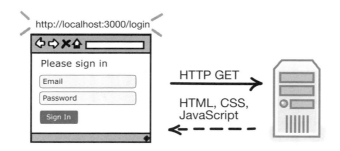

　このGETというのはコマンドの一種で、もう少し詳しく言うと「このアドレスにある何かを取得（get）したい」という命令になります。この場合は、Webページとそれを構成するリ

ソース群を取得します。

　HTML上のフォームに情報を入力して送信ボタンをクリックした場合には、別の種類のHTTPリクエストが送られます。こちらはPOSTと呼ばれます。

127.0.0.1なんていう場所はない?

　`localhost`は任意のコンピュータのことで、そのコンピュータ自身をローカルに参照したいときに使うIPアドレス、つまり127.0.0.1にあたるショートカットです。ローカルでテストをしているとき（統合テスト用の環境があなたのローカルマシン上で動いているとき）、ブラウザのアドレスバーで頻繁に`localhost`という文字列を見かけるでしょう。これは単にブラウザから送られたリクエストがこのコンピュータ自体に向いているという意味であり、127.0.0.1という特定のIPアドレスを持つサーバーがあるわけではありません。

　このことを理解していると、今度の仮装パーティーで、誰かが「そいつは127.0.0.1に隠れてたんだ」と言ったとき、ちゃんと笑えるようになりますね。これを、ユーモアと呼ぶかどうかは、また別の話ですが。

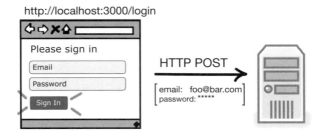

　HTTPのPOSTは、ブラウザがサーバーへ情報を送る方法の一つです（他の方法については、次のコラム「サーバーへ情報を送る別の方法」を参照してください）。POSTはHTMLのフォームの内容を取得して一つにまとめ、サーバーへ送信します。ログイン画面の多くはこの仕組みを使って動いています。

　ここで覚えておくべき重要なことは、あなたがハイパーリンクをクリックしたり、フォームに記入したり、シェアボタンを押したりするたびに、そのアクションがHTTPリクエストになって送信されていることです。これについて、少し考えてみましょう。

　Webサーバーを通して、あなたの好きな猫の動画を再生したり、Facebookにログインした

り、レモン・メレンゲパイを食べている写真をシェアしたりする前に、ブラウザ上の操作はHTTPリクエストに変換される必要があります。

　これが理解できれば、あなたのテストの武器庫には、もう一つ強力なツールが加わったことがわかるでしょう。必ずしもUIを通したエンドツーエンドのテストを書かなくても良いのです。代わりに表層から少し深く潜りこんで、その下にあるサービス自体を直接テストすることができます。

　これが統合テストの正体です。統合テストとは、UIを飛ばして下層のサービスを直接テストし、UIテストに伴う苦痛や苦労を避けることのできるテストなのです。

サーバーへ情報を送る別の方法

　HTTPのフォームは、情報をサーバーへ送る手段の一つです。別の方法として、データをURLの一部としてパラメータ名と値のペア（name-valueペア）にして送ることもできます。

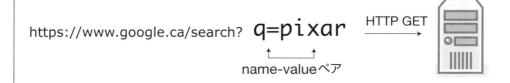

　実は、Googleで検索をするときには、いつもこの仕組みが動いています。Google検索用のテキストボックスに何か単語を入力すると、その単語はHTTPのGETリクエストに追加されてGoogleのサーバーへ送られます。図中の`q=pixar`のようなペア（変数とその値の組み合わせ）は、name-valueペアもしくは**クエリ文字列**などと呼ばれます。このクエリ文字列をURLに直接埋め込むことによって、サーバーへデータを送ることができます。

　このやり方は単純な検索には便利ですが、システムの内部的な情報の多くを外部に晒してし

まいます(そして、ハッカーたちにWebサイトの仕組みを理解するヒントを与えてしまいます)。

また、GETによるリクエストの一部として送信できる情報の量には限りがあるので、写真や大量のデータをアップロードするのには不向きです。

ブラウザから重要なデータを送る場合のほとんどはPOSTで行われ、GETとクエリ文字列の利用では、より単純なケースに限られているのはこのためです。

「2章 ユーザーインターフェイステストに触れる」で作成した、ログイン画面のUIテストを思い出してみましょう。ログイン用のフォームに記入して［Sign in］ボタンをクリックするというものでした。同じテストを、UIを使わずにHTTPリクエストだけを使って書き直すと次のようになります。

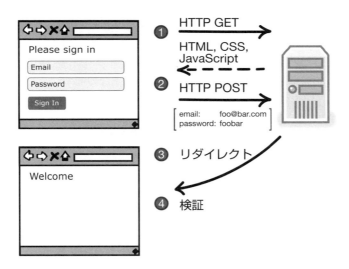

```
def setup
  @user = users(:user1)
end

test "login with valid credentials" do
  get login_path
  post login_path, session: { email: 'user@test.com', password: 'password' }
  follow_redirect!
  assert_select "h1", "Welcome"
end
```

2章でやったように、有効なダミーユーザーを準備するところから始めます。次にHTTPの

GETリクエストでログイン画面に遷移し、POSTで認証情報をサーバーへ送信します。続いてリダイレクト先をたどって新しい画面を開き、アサーションによって正しい画面に遷移したことを検証します。

ブラウザでこの一連の動きを確認することもできます。単に、お好みのブラウザのデベロッパーツール（ここではGoogle Chromeを使用）を開くだけです。

Networkタブをクリックし、ブラウザで開いている画面をリロードしてみましょう。すると、Webページを表示するためにブラウザとサーバーの間でやり取りされているネットワークのトラフィックを確認することができます。

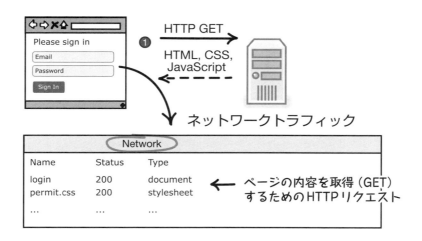

ページを描画するためにダウンロードされた各ファイルに対応するリクエストが表示されています。それぞれのリクエストのステータスが表示されているのも確認できるでしょう（これはステータスコードと呼ばれるもので、200は「OK」を意味します。ステータスコードについては、次の章で詳しく説明します）。そして任意の行をクリックすると、サーバーとブラウザの間で発生した個別の各リクエストの詳しい内容を調査、解析することができます。テスト対象のWebサービスが動作するときに、裏で何が起きているのかをデバッグするのに便利な機能です。一方向だけでなく、双方向のデータの流れを確認することもできます。ログインのための認証情報を入力して［Sign in］ボタンを押下したときに何が起きるか、見てみましょう。

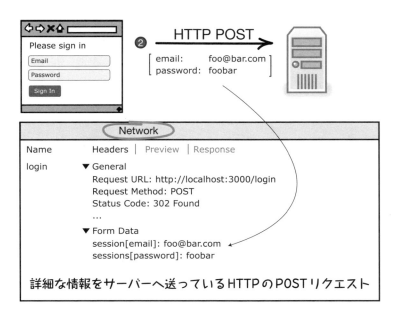

詳細な情報をサーバーへ送っているHTTPのPOSTリクエスト

　NetworkタブのなかのHeadersタブをクリックすると、実際にサーバーに送られたPOSTリクエストの内容を確認することができます。リクエストの種類がPOSTであることや、ステータスコードが何だったか、さらにサーバーへ送られたユーザー名とパスワードまで見ることができます。ブラウザから送られたHTTPリクエストをスクリプト化して統合テストを書くとき、この情報はとても役立ちます。

　私たちは、UIテストを統合テストとして書き直しているわけではありません（実際やろうと思えば可能ですし、時にはそれが良いアイデアである場合もあります）。そうではなくて、UIを通す必要がなく、バックエンドのWebサービスを直接テストできる代替手段を探している

のです。

　意外に思われるかもしれませんが、今日のWebサービスは必ずしもフロントエンドのUIを持っているとは限りません。実際、そうでないものも多いのです。多くはシンプルなWeb API（Application Progamming Interfaceの略。内部のプログラムを使いたいときに呼び出すインターフェイス）の形を取っており、他のシステムとWebサービスが相互にやり取りできるように作られています。Twitter、Facebook、SpotifyなどはすべてこのようなAPIを持ち、誰でも開発者としてTwitterのフィードやFacebookの更新情報、Spotifyにある好みのアーティストの曲情報などを取得できます。HTTPリクエストを使った統合テストとは、こうしたAPIのテストを可能にする手段です。

　また、チームによってはUIを使ったテストに問題が多すぎるため、Webサービスを直接動かす統合テストを大量に行い、UIのテストは諦めているところもあります。今日のRailsアプリケーションの多くは、そうやってテストされています。

　つまり、HTTPレベルの統合テストはUIを持たないバックエンドのWebサービスを直接テストする手段であるとともに、動作が遅くて複雑なUIを持つWebページをテストする代替手段とも言えます。

　OK。これでデーヴに頼まれた労働許可用のサービスを片付ける準備が整いました。ただ、実践に移る前に理解しておくと役立つ概念が、もう一つあります。それは一世を風靡したWeb APIの設計方式で、**REST**と呼ばれるものです。

---

foobarとは何か

　送信されるデータの例として何度か出てきている`foobar`は、開発者が「何でもいいから適当で、なおかつ意味のない値がほしい」というときに使う仮の文字列です。

　同じような文字列の扱いとして、コピーライターが文章の中に「とりあえずの文字列」の意味で「愛のあるユニークで豊かな」のような文字列を入れているのを見たことがあるのではないでしょうか。`foobar`は、それの開発者版といったところです[*]。

4.5　RESTを知る

　REST（Representational State Transfer）は、Web APIを設計するためのシンプルな標準の方式です。

---

[*] 訳注：日本では、`foobar`の代わりに`hoge`、`fuga`といった文字列もよく使います。

イメージを持ちやすくするために、今から新しい写真共有サイトを設計するとしましょう。そのサイトでは利用者が写真を追加、閲覧、更新、そして削除できるようなWeb APIが必要です。どうやったら実現できるでしょうか。

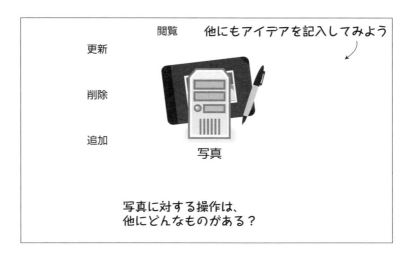

写真共有のためのAPIを構築する方法は、数え切れないほど多く考えられます。たとえばretrievePhotoといったWebサービスを作って、ユーザーが写真のidを送ると、その値に対応した写真を送り返すというサービスです。似たものとして、fetchというサービスでも良いでしょう。きっと作れるはずです。

ここで問題が出てきます。リソースを取得する（fetch）や、取り出す（retrieve）といった動作を記述する唯一のはっきりした方法はないので、誰もが好きな方式でAPIを作ってしまうのです。すると、他の誰かが作ったWebサービスと通信したいときには、時間をかけてその開発者の癖が出る、独自の操作方法を調べなければなりません。

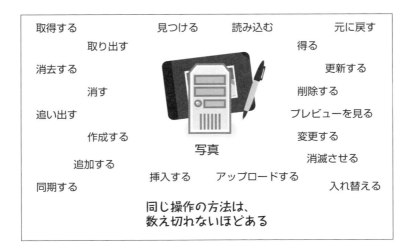

そこであるとき、Roy Fieldingという賢い男がやってきてこう言いました（以下は要約です）。

「ねえみんな、Webのリソースにアクセスする方法をそれぞれ独自に定義するんじゃなくて、探しているリソースの名前をURLとして定義して、リソースと通信するための操作を4つの動詞に絞ったらどうだろうか。つまり、GET、POST、PUT、DELETEの4つだ。」

これは素晴らしい！ Web APIの設計が一瞬にして非常に簡単になりました。それぞれが独自の方法でリソースとやり取りする方法を記述する代わりに、シンプルな4つの方法に絞り込めたのです。

- HTTP GET は既存のリソースを取得する。
- HTTP POST は新しいリソースを生成する。
- HTTP PUT は既存のリソースを更新する。
- HTTP DELETE は既存のリソースを削除する。

あとは、リソースの名前に基いてURLを決め、操作したい対象に対応するIDを付けるだけです。さあ、これでAPIが完成しました。

これがRESTです。たった4つの動詞を使ってWeb上の任意のリソースを操作できる、シンプルでエレガントな方式です。このやり方はとてもポピュラーになり、今やほとんどのWebサービスがREST方式で設計、構築されています。もしここで完璧に理解できなくても、心配しないでください。次の章で具体例を見ていきます。

4.6　この章で学んだこと

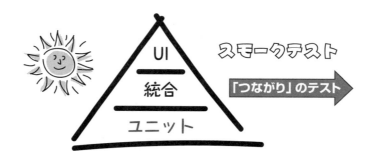

ここまでで、統合テストとは何かを見てきました。そして、Webサービスの仕組みについても少し学びました。この章で学んだのは次のようなことです。

- ブラウザ上の操作は最終的にはすべてWebのリクエストに変換される。
- RESTとは、HTTPの4種類の動きでリソースを操作するWebサービスの設計方式のことである。
- Webの世界は多くのURLで構成されており、URLを使ってテストを駆動することができる。

理論的な仕組みについてはこれでおしまいです。いよいよ実践の準備ができました。次の章では、RESTfulなWebサービスをテストし、Webサービスの統合テストを書くとはどういうことなのかを見ていきます。

次の章を読み終える頃には、かなり理解が進んでいるはずです。Webの仕組みを知り、Webサービスのテストをするための技術を手に入れていることでしょう。それではページをめくって、RESTfulなWebサービスを実際に見ていきましょう。

5章
RESTfulなWebサービスの統合テスト

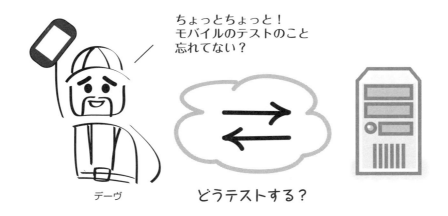

おおデーヴ、申し訳ない。忘れていたわけではないんです――。

RESTfulであることは、Webサービスの設計としてきわめてポピュラーになりました。テスターの方にとっては、この章でRESTの仕組みを大まかに知っておくことはテストの機構を作る上で役立つでしょう。開発者の方にとっては、RESTfulなサービスを構築するために基盤となる技術の理解は非常に重要です。そして、RESTfulなアーキテクチャを学ぶための最上の方法はテストをしてみることです。

では、ここまで見てきたWebサービスでやりとりされるリクエストをHTTPでどう表現するかという知識、RESTfulなAPIの仕組みに関する大まかな理解を総動員して、デーヴのためにRESTfulな許可サービスの統合テストを作れるかどうか見てみましょう。

5.1 RESTfulな許可APIをテストする

デーヴのチームでは、モバイルアプリケーションの開発者が労働許可証の情報を取得、生成、更新、削除できるようなシンプルなRESTful APIを構築していました。

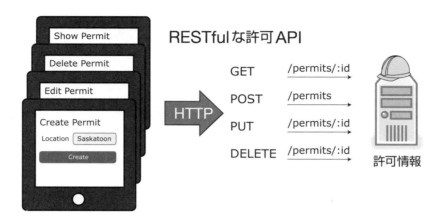

このサービスをテストするために、これからHTTPの4つのメソッド（GET、POST、PUT、DELETE）それぞれに対するテストを書いていきましょう。まずは、いちばん単純なGETから始めます。

> ### CRUD：Create（作成）、Read（読み出し）、Update（更新）、Delete（削除）
>
> CRUDはcreate（作成）、read（読み出し）、update（更新）、delete（削除）という4つの操作を表す略語です。この4つの操作は、APIを通してリソースとやり取りするために共通のものです。
>
> CRUD操作を行うAPIというのはよく見聞きするでしょうから、この略語には馴染みのある方も多いでしょう。APIを呼び出して使う側は、APIがCRUDのそれぞれの操作をサポートしていることを期待しています。
>
> RESTfulなサービスにおいては、このCRUDは次のように4つのHTTPのメソッドに対応します。
>
> - GET（read：読み出し）
> - POST（create：作成）
> - PUT（update：更新）
> - DELETE（delete：削除）

> これで、今後CRUDという言葉を耳にしても大丈夫ですね。特に新しい概念ではなく、単に4つのよくある操作をひとまとめにして簡単に言っているだけです。

5.2 HTTP GET

HTTPのGETを使うのは、サーバーから何らかの情報を取得（get）したいときです。今回の場合では、「1」という`id`を持つ労働許可情報を取得しようとしています。

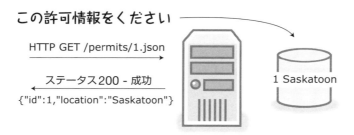

このリクエストを生成するためのURL全体を見てみましょう。

```
http://localhost:3000  /permits  /1.json
                       リソース    ID  フォーマット
```

URLには取得したいリソースの種類を示す`permits`という単語、実際に取得しようとしている許可情報のID「1」、そして最後にデータのフォーマットを示す「JSON」が含まれています。

JSON（JavaScript Object Notation）はWebでのデータのやり取りに非常によく使われるシンプルなデータ形式です。JSONはカンマで区切られた名前と値のペアの配列になっており、Web上でデータをコンパクトな形で、簡単にやりとりできます。このコンパクトさにより、JSONはそれまで使われていた厄介なXML形式よりもはるかによく使われるようになりました。

JSON (JavaScript Object Notation)

さて、GETを行うために組み立てたURLですが、ここには「GET」という言葉が入っていません。どのようにしてこのリクエストがGETであると指定すれば良いのでしょうか？ GETのリクエストを生成したり、RESTfulなサービスに送るGETリクエストをテストしたりするのに手っ取り早い方法は、リクエストのURLをそのままブラウザのアドレスバーに入力することです。

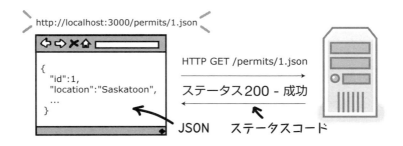

うまくいきました！ 単にURLをブラウザに入力するだけで、ブラウザは自動的に指定されたURLへHTTPのGETリクエストを送信します。APIを素早くテストしたいときにはこの方法が手軽です。ブラウザにURLを入れて返ってくる結果を見る、これだけです。

サーバーがリクエストを処理すると、サーバーは処理がどのように行われたか、たとえばリクエストが成功したかどうかという情報を返そうとします。この情報はHTTPのステータスコードと呼ばれるものを使って伝えられます。

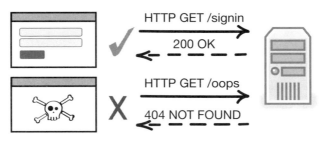

ステータスコードについてはぜひひとも知っておくべきです。リダイレクトが起きたことを確認したいときや、処理が失敗したときにどんなエラーコードが返却されたかを確認したいときにも使うことができます。

たとえば何らかのGETリクエストを送ってステータスコードが200で返ってきた場合は、処理がうまくいったということを意味します。もし誤ったURLを入力したり、サーバーに存

在しない情報を要求したりした場合は、「Not found（未検出）」を示す404が返ってきます。

下の表は、テストでよく見かけるHTTPの一般的なステータスコードの一部です。

コード	意味	詳細
200	成功	処理が正常に終了した
302	リダイレクト	別のページにリダイレクトされた
404	未検出	要求された情報が見つからなかった
500	エラー	サーバー側で何らかのエラーが発生した

ここまでの内容をふまえると、HTTPのGETリクエストの結果（JSONとステータスコード）をチェックするテストは次のように書くことができます。

```ruby
def setup
  @permit = permits(:saskatoon)
end

test 'HTTP GET' do
  get permit_path(:id => @permit.id, :format => :json)
  assert response.body.to_s.include? 'Saskatoon'
  assert_response :success # 200 OK
end
```

最初のsetupというパートは、テスト用の便利な部品です。setupは個別のテストの前に実行され、テスト用のオブジェクトやデータを準備します*。

setupは各テストケースの直前に呼び出されるため、あるテストケースの結果が別のテストケースに干渉するのを避けることができます。これをテストの独立性と言います。1つのテストが壊れても別のテストまで一緒に壊さないようにできるので、このやり方はとても好まれます。

今回の場合は、GETのテストを行うために一時的にダミーの許可情報を生成します。このsetupに含まれるテストコードで、そのダミー情報を作っています。

テストで使うためのダミーの許可情報

---

* 訳注：ここで出てきたsetupは、3章に登場したbeforeと基本的に同じ概念です。3章ではRSpecというテスティングフレームワークを使っているのに対して、5章以降ではMinitestと呼ばれる別のフレームワークを使っているため、この部分に限らず全体的にテストコードの文法に差異があります。

これでテストデータが準備できましたので、HTTPのGETリクエストを送れるようになりました。それが次の行でやっていることです。

```
get permit_path(:id => @permit.id, :format => :json)
```

この行はちょっと意味がわからないかもしれませんね。でも大丈夫です、私も最初はそうでした。細かく分けて見ていくと、そう複雑でもないことがわかります。

最初の get は、このリクエストで使いたい HTTP の操作を指定しています。つまり、HTTPのGETリクエストを送るということを意味します。

次の変数の組み合わせは、今取得しようとしている許可情報の id（setupで作成したもの）とレスポンスを取得したいフォーマット（今回の場合はJSON）を表しています。

つまりこの行でやっていることをまとめると、次のURLに対してHTTPのGETリクエストを生成、送信するということになります。localhostや3000といったサーバー、ポート番号はRailsのデフォルト値を使うものとしています[*]。

```
HTTP GET http://localhost:3000/permits/1.json
```

このGETリクエストが送られると、サーバーから返ってきたレスポンスをチェックして正しい許可情報が得られたかどうかを確認できるようになります。幸い、テストコードの中でHTTPのレスポンスにもアクセスできます。

```
response = {
            "id" : 1,
            "location:" : "Saskatoon"
        }
```

あとはレスポンスから Saskatoon という単語を探して、正しい結果を得られたことを確認するだけです。

```
assert response.body.to_s.include? 'Saskatoon'
```

最後に、HTTPのステータスコードについても簡単に確認します。単純に処理がうまくいったことを確認するためであれば、Railsが用意している :success という変数が使えます。

```
assert_response :success # 200 OK
```

---

[*] 訳注：ここで出て来る http://localhost:3000/permits/ というURLは、テストコードに直接書かれてはいません。permit_path という変数の中身がこのURLになっています。2章でログインページのURLを login_path という変数で表したように、ここでも許可情報一覧のURLを変数で表しています。この変数はいちいち個別に定義しているわけではなく、Railsの機能でpermitというデータのモデルを定義することで、自動的にURLと変数が定義されます。

これでHTTPのGETについてはお手のものですね。1つ片付いたので、残りは3つです。この調子で、HTTPのPOSTについても見ていきましょう。

5.3　HTTP POST

HTTPのPOSTの機構はGETとほぼ同じですが、POSTの場合はサーバーへ何らかのデータを送信する必要があります。

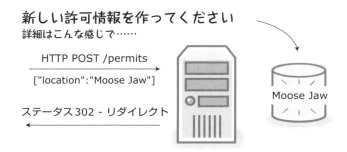

では、これをどうやってテストすれば良いでしょうか？　システムへ新しい許可情報を登録できたかどうかをチェックする適切なエンドツーエンドのテストは、どのようになるでしょうか。

新しいテストに直面したとき、とにかく物事を前に進めるために手軽な方法は、実際に確認したいと思っている内容を擬似コード（普通の日本語）で書き出してみることです。

さっそくやってみましょう。下のスペースを使って、システムに新しい許可情報を登録するときに実行する手順を自然言語で書いてみてください。

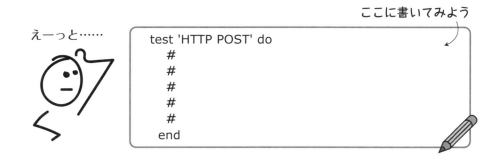

「そんなこと言われてもHTTPのPOSTが何なのかそもそも知らない」、「こんなの今までやったことがない」と思いましたか？

椅子に深く座り、リラックスして考えてみましょう。ここでやりたいのはどんなテストだっ

たでしょうか？

　すると、考えが浮かんできます。たとえばこんなアイデアはどうでしょう。今から作ろうとしている許可情報がすでに存在していないことをチェックして新しい情報を作り、次に作った情報が存在していることをチェックします。これに近いことをする擬似コードは、次のようになります。

擬似コード

```
test 'HTTP POST' do
    # 適当な属性を使って既存の許可情報を検索する
    # 対象が存在しないことを確認する
    # 新しい許可情報を作成する
    # 再度検索を行う
    # 対象の許可情報が作成されていることを確認する
end
```

　そして、これに対応するテストコードに、ステータスコードのチェックを加えてみると、次のようになります。

```
test 'HTTP POST' do
  # 既存の許可情報を検索する
  permit = Permit.find_by_location('Moose Jaw')

  # 対象が存在しないことを確認する
  assert_nil permit

  # 新しい許可情報を作成する
  post permits_path, permit: {location: 'Moose Jaw'}

  # 再度検索を行う
  permit = Permit.find_by_location('Moose Jaw')

  # 対象の許可情報が作成されていることを確認する
  assert_not_nil permit

  # ステータスコードが302であることを確認する
  assert_response :redirect
end
```

　このテストコードでは「Moose Jaw」という場所に紐付いた許可情報が存在しないことを確認し、その情報を作成してから再度検索し、今度は情報が存在することを確認しています。いい感じですね！

　302でリダイレクトさせる動きは、新しいリソースを作成した後のWebページの動作として標準的なものです。システムは新しいリソース（許可情報）を作成し、「新しい許可情報の作成を行いました」といったメッセージを表示する画面へリダイレクトさせます。

悪くないテストコードができました。最初はすべてを完璧に理解できなくても気にしないでください。重要なのは、前進することです。細かい調整や、新しいことを試すのは後からでもできます。

今度は、こんなこともできますよというのを示すために、さらにRailsらしいPOSTのテストを見てみましょう。

```
test 'HTTP POST' do
  assert_difference 'Permit.count', 1 do
    post permits_path, permit: {location: 'Moose Jaw'}
  end
  assert_response :redirect
end
```

Railsを使うようになるまで、私はこんな書き方があることさえ知りませんでした。このテストでは、Railsに組み込まれた便利な機能を利用してPOSTリクエストを送る前にシステムに登録されている許可情報の数を調べ、リクエスト後の数と比較しています。もしカウントが1つだけ増えていたら、新しい情報ができているということになります。とても便利ですね！

2つの書き方のどちらでもテストは動きます。前者の方が少し深いチェックをしてデータベースに保存された属性まで検証しており、後者はそこまでしていません。

ここで大切なのは、テストの書き方には選択肢があるということです。ある事象をテストするための唯一の解というものはなく、最初から完璧なテストを書くことは重要ではありません。大切なのは、まず着手することです。システムに通じてバグがどんな所に潜むかをわかってきたら、テストでどこにエネルギーを注ぐべきかという感覚が備わってくるでしょう。

選択肢は複数あること、そして常に新しい、よりよいテストの方法を探していくものだということを理解してください。

それでは続いてPUTを見てみましょう。

5.4　HTTP PUT

HTTPのPUT（Railsを始め、フレームワークによってはPUTではなく類似の操作であるPATHを使っているものもあります）はPOSTに似た操作です。POSTとの違いとして、ここではまったく新しい許可情報を作るのではなく、既存の情報を更新します。

　POSTのテストをしたときと同じようなプランでPUTについてもやってみるとすると、似たようなテストコードを書くことができます。コードは次のようになります。

```
test 'HTTP PUT' do
  # 更新後の属性を使って許可情報を検索する
  permit = Permit.find_by_location('Medicine Hat')

  # 対象が存在しないことを確認する
  assert_nil permit

  # 情報を更新する
  put permit_path(@permit), permit: {location: 'Medicine Hat'}

  # 再度検索を行う
  permit = Permit.find_by_location('Medicine Hat')

  # 対象の許可情報が存在することを確認する
  assert_not_nil permit

  # レスポンスのステータスコードを確認する
  assert_response :redirect
end
```

　先ほどと同じですね。HTTPのPUTリクエストを`http://localhost:3000/permits/:id`へ送信し、その際新しい許可情報の属性値を付与するのが次の行です。

```
put permit_path(@permit), permit: {location: 'Medicine Hat'}
```

　その後のチェックについてもPOSTのときとほぼ同じです。ただし今回は検索対象とする許可情報の場所の属性をセットアップで設定した`Saskatoon`から`Medicine Hat`に変更しています。

　さあ、あと1つ。今度はDELETEです。

5.5　HTTP DELETE

　HTTPのDELETEについては、特に難しいことはありません。やることは、削除したい許可情報のIDと一緒にDELETEのリクエストを送るだけです。

今回は、setupで準備しておいた許可情報を削除し、その後検索によって情報が消えていることを確認します。

```
test 'HTTP DELETE' do
  delete permit_path(@permit)
  assert_response :redirect

  assert_raises(ActiveRecord::RecordNotFound) do
    get permit_path(@permit)
  end
end
```

5.6 この章で学んだこと

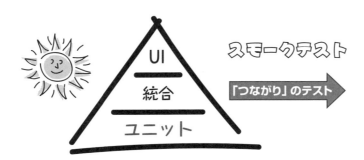

さあ、これでおしまいです。おめでとうございます！この章でもたくさんのことを学びましたね。前の章と合わせて、WebとRESTfulなサービスがどんな仕組みで動いているのか、そしてアプリケーションに対する統合テストのセットを構築するための基礎も理解しました。

この章で学んだことをまとめてみましょう。

- RESTfulなサービスをテストするにはまず正しいURLを生成し、適切なHTTPのメソッドとデータを送信する。

- HTTPのステータスコードは、サーバーがHTTPリクエストの成否を伝えるための仕組みである。
- ブラウザのデベロッパーツールを使って、いつでもネットワークトラフィックを調べられる。
- HTTPのGETリクエストは、ブラウザを開いてアドレスバーにURLを入力するだけで確認できる。

ユニットテストについて解説する次の章では、テストのピラミッドの基盤にたどりつきます。そして、プロジェクトのどこで、どんなふうにこれらの自動テストを活用するかを見ていきます。百聞は一見に如かず、ページをめくってユニットテストの持つすばらしい力を学びましょう。

6章
ユニットテストで基礎を固める

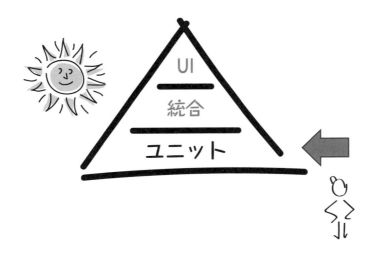

　この章では、開発者が書く小さなサイズのテスト、いわゆるユニットテストについて見ていきます。

　この章は主に開発者向けの内容ですが、テスターの読者にとっても読む価値があります。テストのピラミッドの最下層で何が行われているのかを学ぶことで、テスターは上層でのテストの潜在的な漏れに気づきやすくなるだけでなく、探索的テストでどこを見るべきかについても良い視点を得ることができるのです。

　あなたが開発者であってもテスターであっても、この章を読み終える頃にはユニットテストとは何か、どうやって書くのか、なぜテストのピラミッドの基盤になっているのかを理解できるでしょう。

6.1　すべてが完璧な世界

　素晴らしい！　私たちが新しく作ったUIテストの偉大なパワーで、すべてが完璧になりました！　私たちはUIテストで高レベルのスモークテストを書くこともできるだけでなく、実質的にはどんなことにでもUIテストを使えるのです。

　スモークテストが必要？　よろしい、UIテストを書きましょう。

　バグが見つかった？　では、再発防止のUIテストを書きましょう。

　毎週提出する面倒なタイムシートを埋めなければいけない？　大丈夫、UIテストで解決できます（これは実際やっていました）。

　そう、世界中の問題は今やほんのちょっとUIテストを追加するだけで解決でき、すべてがうまくいっている。ように見えますが——。

6.2　UIテストの課題

　さあ、お気づきでしょうか？　ビルド時間が跳ね上がってきています。

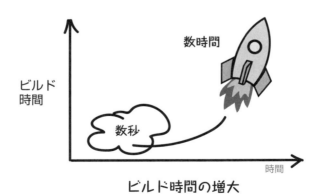

ビルド時間の増大

おかしいですね。最初は数秒かせいぜい数分だったものが、数十分、さらには数時間かかるようになっています。

問題はもう1つあります。一体私たちのビルドに何が起きているのでしょう？ なぜこんなに急にたくさんのテストが壊れ始めたのでしょうか？

壊れたビルド

何が起きているのか、まったくわかりません。わかっているのは、ビルド時間が長くなった上にテストが絶え間なく失敗していることによって、ソフトウェアに新しい機能を追加するよりも壊れたテストを修正する方に時間がかかっていることです。

自動テストが開発を助けてくれるはずだと思っていたのに、実際には逆の結果になってしまいました。

このチームの逸話では多くのUIテストを抱えることの功罪を合わせて知ることができますが、残念ながらUIテストのこういった側面はそれほど広く知られていません。

UIテスト自体が悪というわけではありません。そうではなく、素早い反復型の開発において他の何よりも重要なポイントである「フィードバックとスピード」にUIテストは適していないというだけのことです。

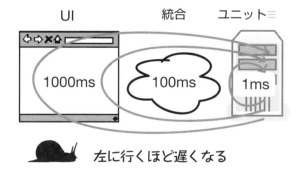

ここまでお読みの読者ならご存知のとおり、UIテストは時間がかかります。ユニットテスト

では数ミリ秒で済む内容がUIテストでは数秒かかることもあります。数秒というとそれほど長くないように聞こえるかもしれませんが、こういった実行時間の長いテストを数多く実行するようになると累積の実行時間は跳ね上がり始めます。

UIテストには、時間の問題だけでなく不安定で壊れやすいという問題もあります。

不安定というのは、常に信頼性を持って実行できるとは限らないということです。同じテストが成功することもあれば、失敗することもあります（理由については後述します）。それだけでなく、UIテストはユーザーインターフェイスと非常に密接に結びついているため、ほんの少し機能に変更が加わっただけでも一見機能変更とは関係なさそうなテストが壊れてしまうことがあります。

最後に、UIテストは「何らかの問題がある」ことを見つけるのには適していますが、「どこに問題があるか」について明らかにするのにはまったく向いていません。

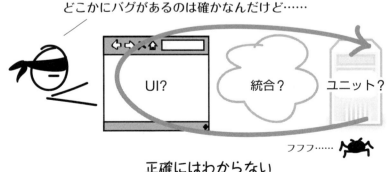

思い出してください。UIテストは、エンドツーエンドのテストです。UIテストで見つけたバグの原因を探して修正することは、干し草の山の中から針を探し出すようなものです。

UIテスト自体はメリットもあり良いものですが、それだけでは不十分です。ここで必要になるのは、次のような条件を満たす別の種類のテストです。

- 高速に実行できる。
- 手軽に作成できる。
- 正確な結果を出せる。
- 迅速にフィードバックを返せる。

6.3 ユニットテストを始めよう

ユニットテストとはソフトウェアが正しく動いていることを確認するために開発者が作成するもので、メソッドレベルの小さなテストです。

たとえば、カードゲームのブラックジャックをするためのプログラムを作っていて、新たにシャッフルしたデッキに52枚のカードが含まれていることを確認したいとしましょう。これをユニットテストで実現することができます。テストコードは次のようになります。

```ruby
def test_full_deck
  full_deck = Dealer.full_deck
  assert_equal(52, full_deck.count)
end
```

UIテストや統合テストと違って、ユニットテストは小さく高速なテストです。システムのすべてのレイヤをエンドツーエンドで見たりはせず、もっと局所的に動きます。この「小さくテストする」という特徴のおかげで、ユニットテストは高速に実行でき、的が絞られており、手軽に扱えます。ユニットテストは、何に対しても書くことができます。たとえば、システムが想定している前提条件をテストすることも可能です。

前提条件のテストが可能

暗黙のうちに想定された条件というのは、ソフトウェア開発において私たちを常に苦しめる存在ですが、ユニットテストを使うことによってそこから解放されます。自動化されたユニットテストでそういった前提条件をテストし、確認できます。また、ビジネスロジックのテストも可能です。

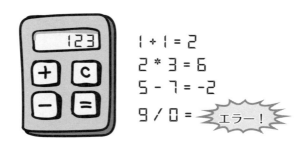

電卓とビジネスロジック

ビジネスロジックは複雑になりがちです。人間であれば簡単に理解できるルールでも、ソフトウェアにおいてはすべてがコードとして表現され、何らかの手段でテストされる必要があります。ルールを正しく理解し実装していることを確認するためには、自動テストという形でコード化してテストするのが最良の方法ではないでしょうか。

また、ユニットテストはエッジケース*のテストでも効果を発揮してくれます。

```
    ┌─▶ if (salary < 100000)  ┤ 99,999?
                               │ 100,000?
            taxRate = 30%
    └─▶ else if (salary < 70000) ┤ 69,999?
                                  │ 70,000?
            taxRate = 20%
```

エッジケースと境界条件

新しいエッジケース、off-by-oneエラー†、ロジックのエラーを思いついたら、そういったケースが期待通りに動いていることを確認するためにユニットテストを書くことができます。

こういった背景から、今日ではユニットテストはソフトウェア開発に欠かせないツールとなりました。これが、モダンなプログラミング言語には必ずユニットテストの機構がある理由です。

---

* 訳注：入力に境界値ぎりぎりの値を与えた場合などの特殊なケースのことをエッジケースと呼びます。

† off-by-oneエラーとは境界条件に関わるエラーの一種で、ループの実行回数が正しい回数より1回多い、または1回少ない等の理由で発生するものを指します。

ここまで、ユニットテストとは何か？ ということを見てきました。今度はもう少し深く掘り下げて、ユニットテストがどのように動くのかを見ていきましょう。

6.4　ユニットテストの仕組み

基本的には、ユニットテストはきわめてシンプルです。システムに新しい機能を追加するたびに、その機能に対応するテストを書いていきます。

例として、デーヴのチームがシステムに追加した税率を調べる機能を見てみましょう。この機能では、居住している州に応じた税率を返します。

```
class RateManager    ← クラス

  ...

  def lookup_tax_rate(region)    ← メソッド

    if (region.blank?)
      raise ArgumentError.new('Region can\'t be blank!');
    end

    tax_rate = 0.3

    if (region == 'Alberta')
      tax_rate = 0.1
    end

    if (region == 'Saskatchewan')
      tax_rate = 0.2
    end

    if (@is_new_customer)
      tax_rate = 0.0
    end

    return tax_rate

  end
end
```

テスト対象の機能

このコードを見て、どんなテストケースが浮かびますか？

うーむ……

テストで確認すべきことは……

1. ＿＿＿＿＿＿＿＿＿＿＿＿＿

2. ＿＿＿＿＿＿＿＿＿＿＿＿＿

3. ＿＿＿＿＿＿＿＿＿＿＿＿＿

ここに書いてみよう

ユニットテストを書くときには、よくこういうことをします。特定の**クラス**を見て、そこで記述されている**メソッド**を確認し、どのようなテストを書きたいかを決めていきます。

クラス、メソッド、オブジェクト

開発者がユニットテストの話をしているのを聞いていると、ときどき「クラス」、「メソッド」、「オブジェクト」といった言葉を耳にすることがあるかと思います。

クラスとは、プログラムのデータと振る舞いを定義するものを作るときに使う設計図やテンプレートのようなものです。クラス＝モノと考えても構いません。ゲームのプレイヤー、カードのデッキ、または税率の計算を行うもの。これらはすべてクラスとして表せます。

メソッドはクラスが持っている振る舞いを記述したものです。`shootWumpus`（モンスターを攻撃する）、`dealCard`（カードを配る）、`lookUpRate`（税率を調べる）といったものが、クラスがメソッドを通じて行う振る舞いとなります。メソッドの名前がたいてい動詞で始まるのはこのためです。

クラスとそのメソッドを定義して実装すると、今度は**オブジェクト**と呼ばれるものを作ることができます。オブジェクトは、クラスを具現化（インスタンス化）したものです。このあたりのプログラミングの基礎については、後ほど「9章 プログラミング初級講座」でもう少し解説します。

完璧なユニットテストを作るための厳格なルールは特にありません。ユニットテストを書くときによく考慮するポイントについて以下にまとめました。

ユニットテストを書くときに考慮すべきこと

1. ハッピーパス		すべてが正しく動いたと仮定して、理想的な条件下でメソッドはどう動作するか？
2. 特殊ケース		特に注意を払うべき特殊な条件やエッジケースはあるか？
3. 例外		どんな条件や例外が起きたときにこのメソッドはエラーを起こしうるか？
4. プログラムのロジックと流れ		プログラムのすべてのパス、ロジックの流れ、条件分岐は適切に動いているか？
5. その他何でも		このメソッドが正しく動いていることに自信を持つには、他にどんなテストが必要か？

ハッピーパスは、すべてがうまく動く場合のテストシナリオを指す用語です。開発者も、ハッピーパスのテストはたいてい得意です。

少し苦戦しがちなのは、うまくいかない部分がある場合です。そういった部分のテストを、開発者はついスキップしてしまいがちですが、それこそがユニットテストでより詳しくチェックしていきたい部分です。例外処理、扱いにくいoff-by-oneエラー、その他さまざまなケースがあります。

この例外や特殊ケースに注目するという観点であらためてテスト対象の`lookup_tax_rate`メソッドを見てみると、いくつかのポイントが浮かび上がってきます。

```ruby
class RateManager

  attr_accessor :is_new_customer

  def initialize(is_new_customer)
    @is_new_customer = is_new_customer
  end

  def lookup_tax_rate(region)          # 例外

    if (region.blank?)
      raise ArgumentError.new('Region can\'t be blank!');
    end

    tax_rate = 0.3    # デフォルトの動作

    if (region == 'Alberta')
      tax_rate = 0.1                    # 特殊ケース
    end

    if (region == 'Saskatchewan')
      tax_rate = 0.2
    end

    if (@is_new_customer)   # エッジケース
      tax_rate = 0.0
    end

    return tax_rate

  end

end
```

ヒント：if文に注目しよう

まず、簡単な入力のバリデーションを行った方が良いでしょう。誰かがこの`lookup_tax_rate`メソッドを呼び出すときには`region`という変数名で地域の名前を渡す必要があり、そうしないとエラーになるということを確認します。

```ruby
def test_error
  assert_raises(ArgumentError) {@manager.lookup_tax_rate(nil)}
end
```

このテストケースでは、`nil`（Rubyで「何もない」ことを示す表現）を`RateManager`クラスに渡してエラーが得られることを確認しています。

次に、ハッピーパスとなるシナリオの1つをテストして、与えられた地域の名称に対してデフォルトの税率が返されることを確認しましょう。今回の場合、デフォルトの税率の期待値は0.3となります。

```ruby
def test_default_behaviour
  assert_equal(0.3, @manager.lookup_tax_rate('SomeRegion'))
```

```
    end
```

ハッピーパスをテストした後は、他に扱うべき特殊ケース、エッジケースがないかどうか探します。以下にあるように、独自の税率を持つ地域を入力した場合に正しい値が取得できるかどうかを見なければいけませんね。

```ruby
def test_special_cases
  assert_equal(0.1, @manager.lookup_tax_rate('Alberta'))
  assert_equal(0.2, @manager.lookup_tax_rate('Saskatchewan'))
end
```

さらに、デーヴが初回購入の顧客へのサービスとして追加した特殊処理があります[*]。

```ruby
def test_edge_cases
  @manager_new_customer = RateManager.new(true)
  assert_equal(0.0, @manager_new_customer.lookup_tax_rate('Alberta'))
end
```

いい感じですね。ここまで出てきたコードはどれも、ユニットテストのコード例としては典型的なものです。

最後に、ユニットテストにおいて（実際にはどんなテストでも、ですが）非常に重要なポイントがあります。それは、テストの名前です。

テストメソッドにはわかりやすい、意図を明確に伝える名前をつけたいものです。そこで、これまで書いてきたテストメソッドの名前を変更して、何をテストしようとしているかを記述しましょう。テストコードは次のようになります。

```ruby
require 'test_helper'

class RateManagerTest < MiniTest::Test

  def setup
    @manager = RateManager.new(false) # 新規ではない顧客
  end

  def test_region_required
    assert_raises(ArgumentError) {@manager.lookup_tax_rate(nil)}
  end

  def test_default_tax_rate
    assert_equal(0.3, @manager.lookup_tax_rate('SomeRegion'))
  end

  def test_supported_provinces
    assert_equal(0.1, @manager.lookup_tax_rate('Alberta'))
    assert_equal(0.2, @manager.lookup_tax_rate('Saskatchewan'))
```

---

[*] 訳注：原文にはこれ以上の説明はありませんが、この「特殊処理」では、初回購入の顧客に対して一律に税率をゼロとしています。この機能がうまく動いていることを確認するため、1つ前でテストした独自の税率を持つAlberta州であっても、初回の顧客ならちゃんと税率がゼロになっているかどうかをテストしています。

```
    end

  def test_new_customer
    @manager_new_customer = RateManager.new(true)
    assert_equal(0.0, @manager_new_customer.lookup_tax_rate('Alberta'))
  end

end
```

変更後のテストメソッドの名前を見てみましょう。「どのように」テストするかにはあまり注目せず、「何を」テストしているかを記述する方がずっといい名前になっています。

テストに良い名前をつけられるようになるには時間がかかりますし、経験も必要です。難しいと思うかもしれませんが、恐れることはありません。まずは「何をテストしようとしているか」を記述することから始めて、そこから少しずつ改善していきましょう。テストの命名については、後ほど「10章 テストを整理する」でももう少し触れます。

2つの難題

コンピュータサイエンスには、2つの難題があります。

1. キャッシュの扱い
2. 良い命名
3. Off-by-oneエラー

このコラムにもOff-by-oneエラーが潜んでいますね。

質問！ 今、書いてあるテストで十分かどうかはどうやってわかるの？

非常に素晴らしい質問ですね。これは難しい問題です。

テストとは、自信を得る活動です。自分で書いたコードが大丈夫だという自信を得たい、というのがテストを書く動機です。「今書いてあるテストで十分かどうか」を決める指標の1つは、コードに対してどの程度自信を持てているかです。ここで「自信を持てる」とは、本番環境へコードをプッシュできること、つまり出荷できることを意味しています。

これだけではアドバイスとしては不十分ですので、もう少し詳しく見ていきましょう。

6.4.1 正しく動くことを保証する

テスト対象のコードは必要な動作をしているでしょうか？ あたり前に聞こえますが、これがテストの内容としては最も重要です。テストによって、コードがどう動くか、どんな動きを想定されているかのデモンストレーションをするのです。

これによってコードが正しく動くことに自信を持てるだけでなく、コードを書いた本人であるあなた以外にもコードの意図を伝えられます。あなたの後任の開発者にとっては黄金のように価値のあるものです。

6.4.2 壊れる可能性のある箇所はすべてテストする

「壊れる可能性のある箇所はすべてテストする」[*]というのは、エクストリームプログラミング[†]でテストの書き方をガイドするときに使う格言です。何かが問題を起こすことが合理的に見込まれるなら、それをテストしなさいという意味です。

もちろん何もかもをテストすることはできません。そんなことをしていたら時間もコストもかかりすぎてしまいます。しかし、よくあるエラー、エッジケース、特殊な条件、その他問題を起こしそうなものはすべてテストの良い候補となります。ここに挙げたようなケースはきわめて動作が曖昧になりがちですが、テストを書くことによってその曖昧さを軽減することができます。

6.4.3 テストファースト

テストファーストとは、まず失敗するテストコードを書いてから、そのテストを通すようなプロダクションコードを追加するプラクティスです。テスト駆動開発、すなわちTDD（Test Driven Development）と呼ばれることもあります。進捗が遅くなってしまうようにも思えますが、テストファーストには多くのメリットがあります。

- 必要なものだけを実装できる。
- テストしやすく部品化された状態でシステムを設計、実装できる。
- 実装が完了すると同時に、その動作を保証するユニットテストもできあがっている。

---

[*] http://c2.com/cgi/wiki?TestEverythingThatCouldPossiblyBreak
[†] http://www.agilenutshell.com/xp

筆者も常にテストファーストで開発しているわけではありません。ときには何をテストすべきかもわからず、座り込んでひたすらコードを書き続けていることもあります。どんなテストが必要かが明確にわかっているときは、テストから先に書いてみて、後でテストを書くのに比べて心地よいコードが書けること（少なくとも悪くなってはいないこと）を体感してください。TDDに関する優れた書籍としては、Kent Beckの『テスト駆動開発入門』[Bec02]があります。本書でも、「12章　テストファースト」でTDDについてより詳しく解説します。

コードカバレッジとは、ユニットテストを実行したときにコードのどこを通過したかを見る指標です。テストを実行するとツールがその動作をトラッキングして、コードのうち何％をテストでカバーできたかを算出します。

筆者は基本的にコードカバレッジを追うことにそれほど拘っていません（カバレッジを測定しているとそればかりに執着してしまい、良いテストを書くことをあまり考えなくなってしまいがちです）。ただし古いコードベースに対して後追いでテストを書いているときには、コードカバレッジはどの部分のテストが足りていないかを示す手軽な指標になります。

とは言えはっきり言ってしまうと、きわめて質の低いユニットテストで100％のコードカバレッジに達しているよりも、質の高いユニットテストでカバレッジが30％の方が好ましいです。優れたチームは、たいていカバレッジ70％から80％くらいのどこかに落ち着いています。

ですから、コードカバレッジがそれほど高くなくても気に病むのはやめましょう。なるべくたくさんの小さなテストを書き続け、新しい機能を追加したときには毎回テストを追加するように心がけてください。そうすれば、遠からずカバレッジは自然と上がり始めます。

ここまではユニットテストの書き方についての教科書的な例を見てきました。今度はもう少し上級編のテクニックを見ていきましょう。

6.5　上級テクニック

イノベーション精神に溢れたデーヴのチームは、彼らが建築のために使うモバイルアプリケーションで真に必要なのは音楽だと結論づけました。

デーヴのチームは新進気鋭の音楽プロバイダが提供しているSDK（Software Development Kit）を調べ、最初にHelloというメッセージ、続いてAutenticate（認証）というメッセージを送ることでアプリからプロバイダのサービスを操作し、音楽を再生できることの目星をつけました。

メッセージを送信するコードは次のようになります。

問題は、デーヴたちにはこれをテストする方法がわからないことでした。

このメッセージハンドリングを動作させるためには、HelloやAuthenticateというリクエストを受け取るために音楽のストリーミングサービスが起動している必要があります。

しかし、そうはしたくありません。常にストリーミングサービスをバックグラウンドで立ち上げておくのはとても面倒です。言うまでもなく不安定になり、問題を起こします。これが課題その1です。

課題その2として、認証のためのメッセージを送るclientオブジェクトの動きをどのように捕捉するかを考える必要があります。

```
if is_challenge(message)
    client.send_authenticate_message
```

ストリーミングサービスからChallengeメッセージが返ってくるたびにclient.send_authenticate_messsageという処理が呼ばれることを確認するテストが書ければ十分です。

問題は、ユニットテストからはclientオブジェクトにアクセスすることができないのでChallengeメッセージを受け取ったことを知る術がないことです。これはどうにかして解決する必要があります。

でも、いったん課題その2は置いておいてネットワークの方から解決していきましょう。

ユニットテストの中でネットワークへのアクセスを扱う方法の1つとして、単純にネットワークの存在自体を無視するという方法があります。直接ネットワーク接続の処理を呼び出す代わりに、その呼び出しで通常得られる想定のデータを用意し、テストではそのデータを直接使います。

この方法のメリットは、ネットワークに縛られなくてすむということです。ユニットテストはネットワークから切り離されています（つまり、ネットワークに依存していません）。これによってテストが書きやすく、ソフトウェアはテストしやすくなります。ただしサーバーから返却されるメッセージが変更されたときには、合わせてテスト内のデータも書き換えるというこ

とを明確にしておく必要があります。

ユニットテストではネットワークに直接接続することを避け、代わりに準備済みのテストデータを使おう。

さて、次に検証したいのは、challengeメッセージを受け取ったときにauthenticationメッセージが送られているかどうかです。しかし先ほどの問題があります。ユニットテストからclientオブジェクトを取得する方法がないのです。

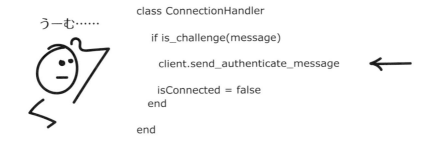

テストしたい対象がテスト側からアクセスできないというのは、ユニットテストにおける古典的な課題です。ソフトウェアの設計が良くなかった結果、こうなってしまうこともあります。しかし多くの場合原因は、ほとんどの人はコードを書いているときにテストのことなど頭にないということにあります。忌々しいことです[*]！

この難題を解決する方法の1つは、確認したいクラスのオブジェクト（ここではclient）をテスト対象のクラス（ConnecitonHandler）のコンストラクタで直接注入するというものです。

---

[*] 訳注：原書では「忌々しい」は"de-testable"と表現されており、テストが書きにくいことと掛けたジョークです。

依存性注入

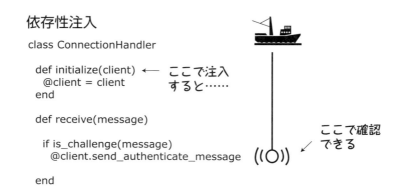

```
class ConnectionHandler

  def initialize(client)
    @client = client
  end

  def receive(message)

    if is_challenge(message)
      @client.send_authenticate_message

end
```

　この手法を**依存性注入**（dependency injection）と言います。これから紹介する**モック化**の技術と合わせて使うと、テストで使いたいオブジェクトをテストメソッドからアクセス可能にすることができます。

　モックとはテストでときどき使われるダミーオブジェクトで、テスト実行中にオブジェクトに起きた事象を捕捉、記録するために使われます。たとえば、今回のケースでは`ConnectionHandler`クラスが`challenge`メッセージを受け取ったときに`@client.send_authenticate_message`が呼ばれるかどうかを知りたいと考えています。

　通常の`@client`オブジェクト、つまりもともとのアプリケーションを実行する際に使っていたオブジェクトでは、そのメソッドが呼び出されたかどうかを知ることができませんでした。普通のオブジェクトには、メソッド呼び出しを記録するような機能はありません。しかし、モックを使えばそれが可能になります。

　そこで、ここでは本物の`@client`オブジェクトの代わりに、メソッド呼び出しを記録できるモックを注入します。すると、テスト実行中にモックに対して`send_authenticate_message`メソッドが呼ばれたかどうかを問い合わせることができます。無事呼び出されていれば、コードが想定通りに動いたことを確認できます。

　この仕組みをテストで実現するには、まず`Client`クラスのモックを作り、それを`ConnectionHandler`クラスのコンストラクタで注入する必要があります。Railsのアプリケーションでモックを作るときにはMochaというgemを使います。

```ruby
class ConnectionHandlerTest < MiniTest::Test

  def setup
    @mockClient = mock()
    @connection_handler = ConnectionHandler.new(@mockClient)
  end
```

　オブジェクトを作った後は`client`のモックに対して期待する動作を設定する必要があ

ります。今回の場合は、typeがchallengeであるメッセージを受け取ったときに、@mockClientのsend_authenticate_messageメソッドが少なくとも1回呼び出される、というのが期待動作となります。これをコードにすると次のようになります。

```
def test_authentication_sent_when_challenge_received
  @mockClient.expects(:send_authenticate_message).at_least_once

  message = { :type => 'challenge' }
  @connection_handler.receive(message)
end
```

さあ、これで準備が整いました。テストが成功するためには、send_authenticate_messageが1回以上呼び出される必要があります。

```
@mockClient.expects(:send_authenticate_message).at_least_once
```

上の期待値を得るための条件は、次のようにchallengeメッセージを受け取らせることです。

```
message = { :type => 'challenge' }
@connection_handler.receive(message)
```

うまく行きました！これで、私たちのコードはchallengeメッセージを扱えることを確認できました。

　モック化の手法のメリットがいまひとつわからなかったり、なぜわざわざ最初からこんな面倒なユニットテストを書く必要があるのか疑問に思うかもしれませんが、いったんそのことは置いておきましょう。モックを使うことのメリット、デメリットについては、「11章 効果的なモックの活用」で解説します。

　この手法を大々的に使うかどうかは自由ですが、モックは優れた手法であり、必要なときにすぐに使える手軽な技術です。

　完成したConnectionHandlerクラスと対応するテストクラスのコードは次のようになります。

```
class ConnectionHandler

  attr_accessor :is_connected
  attr_accessor :client

  def initialize(client)
    @client = client
  end

  def receive(message)

    if is_challenge(message)
      @client.send_authenticate_message
      @is_connected = false
    elsif is_welcome(message)
```

```ruby
      @is_connected = true
    end

  end

  def is_challenge(message)
    message[:type] == 'challenge'
  end

  def is_welcome(message)
    message[:type] == 'welcome'
  end

end


require 'test_helper'

class ConnectionHandlerTest < MiniTest::Test
  def setup
    @mockClient = mock()
    @connection_handler = ConnectionHandler.new(@mockClient)
  end

  def test_is_challenge
    message = { :type => 'challenge' }
    assert(@connection_handler.is_challenge(message))
  end

  def test_is_welcome
    message = { :type => 'welcome' }
    assert(@connection_handler.is_welcome(message))
  end

  def test_authentication_sent_when_challenge_received
    @mockClient.expects(:send_authenticate_message).at_least_once

    message = { :type => 'challenge' }
    @connection_handler.receive(message)
  end

end
```

　これでOKです。私たちの作ったユニットテストは、ConnectionHandlerクラスが特定の入力メッセージに対して正常に動くことをコードで示しています。もし新しいメッセージの定義が増えたり、扱うべきエッジケースが急に出てきたときには、いつもここに戻って新しいケースを追加すれば大丈夫です。手軽で使いやすいテストスイートになりました。

6.6 この章で学んだこと

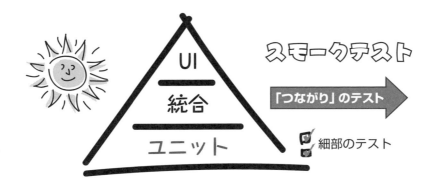

お疲れさまでした。ようやく、テストのピラミッドの3階層をすべて制覇しました。この章でユニットテストについて、学んだことを振り返ってみましょう。

- ユニットテストはテストのピラミッドの基盤となっており、他の階層に比べて多くのテストを担っている。
- ユニットテストは非常に高速に実行できるため、迅速なフィードバックを得られる。
- ユニットテストはきわめて局所的に書くことが多く、ネットワークに接続するような処理は避けた方が良い。
- モック化は、テストしたいコードにおいてアクセス困難な箇所もテストできるようにするための技術である。

ここまでで、ユニットテストの基本はカバーできました。今度は、ブラウザ上で動作するロジックをテストするときに非常によく使われる、JavaScriptのテストについて解説します。

ページをめくって、JavaScriptのテストとはどんなものか、どんな仕組みで動くのか、さらにUIのテストという観点からどんな素晴らしい効果を見せてくれるのかを学んでいきましょう。

7章
JavaScriptを使ったブラウザ上のユニットテスト

　今日のWebアプリケーションではJavaScriptの役割が大きくなっていますが、この章ではその理由を見ていきます。JavaScriptでテストを書く手法を学ぶことで、ブラウザ上で起きていることをテストできるようになるだけでなく、テストをより高速にすることで十分多くのUIテストを書けるようになります。

　開発者のみなさん。日々多くのJavaScriptのコードを書いては、テストの方法に悩んでいた方にとって、この章は非常におすすめです。テスターのみなさんも、できたらついてきてください。何らかの自動テストのフレームワークに関わって、JavaScriptのコードを書くようになる機会は、明日来るかもしれません。

7.1 ブラウザの中の魔法

みなさんには、信じられない話かもしれませんが、昔のWebページは完全に静的なものでした。本当ですよ！ ブラウザにできることと言ったら、URLを入力してそのページに遷移し、ページの内容を閲覧する。それだけです。

ですが、JavaScriptとそれを活用したAjaxと呼ばれる技術によって、状況は一変しました。ユーザーがブラウザ上でオブジェクトを直接操作したり変更したりできるようになったことで、それまではデスクトップアプリケーションの専売特許だったことが、Webの世界でも突如として可能になったのです。

Ajaxの魔法

Ajax（Asynchronous JavaScript and XML）とは、Webページ全体を再読込することなく、ブラウザ上で動作しているJavaScriptのプログラムが、バックエンドのサーバーと情報を送受信できる技術のことです。それだけ聞くと大してインパクトがないように聞こえますが、Ajaxは今日のWebサイトでよく見かける動的な機能のいくつかを可能にした、キーテクノロジーです。

たとえば、地図上にピンを落とすような操作。世界中の人たちとリアルタイムにドキュメントを共有して一緒に作業ができる機能もその一例です。Ajaxは、Webの技術で新しいタイプのアプリケーションを提供できるようにし、それまで実現できなかった可能性を開きました。

JavaScriptは、もともとクライアントサイドのスクリプト言語として産声をあげました。「クライアントサイドの言語」ということは、書かれたプログラムはクライアント上で動くということです。JavaScriptの場合、クライアントとはつまりブラウザのことです。

「スクリプト言語」とは、実行する前にコードをコンパイルする必要のない言語のことを言います。JavaScriptは、ブラウザ上にロードされたら即解釈され、直接実行されます。これについては後でもう少し説明します。

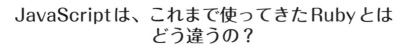

良い質問ですね。Rubyはサーバーサイドのスクリプト言語です。つまり、Rubyのプログラムはサーバー上で実行されるということです。

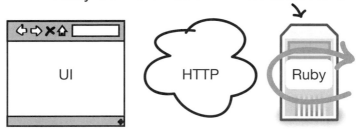

サーバー上で実行されるとは、こういうことです。まずリクエストが送られてくると、Ruby on Railsのプログラムが何らかの処理をし、そして結果を（基本的にはHTMLとJSONの形式で）送り返します。これがサーバー上で起きていることです。

一方、JavaScriptは前述のとおりクライアントで実行されます。

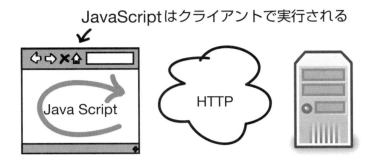

つまりすべてのロジックや演算は、まさにブラウザ上で行われているのです。これが、JavaScriptがきわめて高速に動作しなければならない理由です。なにしろ、JavaScriptはユーザーの端末の上で動いているのですから。

Rubyはサーバー上で実行され、JavaScriptはクライアント上で実行される。これが最も大きな違いです。

ということは、私たちはユニットテストをその両方に対して書かなければなりません。これまで書いてきたユニットテストは、すべてサーバーサイドのRubyのプログラムに対するものでした。この章では、クライアントで動作するJavaScriptに対しても、ユニットテストを書く方法を紹介します。

それにしても、すばらしい質問でした。ありがとう、ダイアン。

技術的な側面から補足しておくと、JavaScriptはブラウザ上でのみ動くとは限りません。サーバーサイドでJavaScriptを使っている開発者もいます。ただ、この章ではクライアント側のテスト手法を紹介する目的のために、JavaScriptはブラウザ上で動くものという想定で進めます。物事はこんな風にシンプルに始めていくのが良いですね。

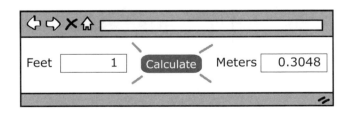

次に示すのは、上の図にあるようなページを実現するJavaScriptのプログラムです。正確には、JavaScript単体ではなく、HTMLページに埋め込まれたプログラムになっています。

```
<html>
<head>
  <script language="JavaScript">
```

```
    function toMeters(form) {
      var feet = parseFloat(form.Feet.value, 10);
      var meters = feet * 0.3048;
      form.Meters.value = meters;
    }
  </script>
</head>
<body>
<form>
  Feet
  <input name="Feet" value="0" maxlength="15" size=15>
  <input name="Calculate" value=" -> " type=button onClick=toMeters(this.form)>
  Meters
  <input name="Meters" readonly size=15>
</form>
</body>
</html>
```

JavaScriptのプログラムは、HTMLのいちばん上にある次の小さな部分です。JavaScriptであることを示すタグで囲まれています。

```
<script language="JavaScript">
  function toMeters(form) {
    var feet = parseFloat(form.Feet.value, 10);
    var meters = feet * 0.3048;
    form.Meters.value = meters;
  }
</script>
```

残りの部分は昔ながらのHTMLです。JavaScriptとHTMLはお互いに特別な関係にあります。HTMLはブラウザに表示、描画される内容を保持しています。JavaScriptはHTMLを操作し、動的に動かすエンジンです。

たとえばこのページのHTMLのほとんどは、表示とレイアウトのためのものですが、2つのテキストボックスの間にある[Calculate]ボタンには別の役割があります。どんなことが起きているのか確認してみましょう。

```
<INPUT NAME="Calculate" VALUE=" -> " TYPE=BUTTON onClick=toMeters(this.form)>
```

この1行で行われている処理は、HTML上にボタンを表示するだけではありません。ボタンがクリックされると、JavaScriptの`toMeters`メソッドが呼び出され、`form`の内容が引数として渡されることまで書かれています。

```
<INPUT … onClick=toMeters(this.form)>
```

これはHTMLの画面要素とJavaScriptのコードを紐付ける手法の1つです。特定のイベント(クリックなど)を待ち受けて、イベントが発生したらJavaScriptの処理を呼び出します。

ボタンがクリックされると、JavaScriptの`toMeters`メソッドが実行されます。

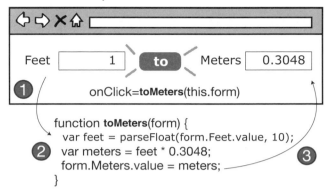

まず、toMetersが「Feet」と書かれたテキストボックスからフィートの数値を取得します。

  var feet = parseFloat(form.Feet.value, 10);

次に単位をメートルに変換する計算を行います。

  var meters = feet * 0.3048;

最後に、「Meter」のテキストボックスの内容を変換結果で更新します。

  form.Meters.value = meters;

たったこれだけです。初めてのJavaScriptのプログラムでも、全体を理解できました。JavaScriptのプログラムはどれでも、どんなに複雑なものであっても、ここで見てきたのと同じ基本的な仕組みを使って動いています。

 もちろん、同じことを実現するもっと凝った方法はありますし、この先ではそうした複雑な例も見ていきます。ただ、JavaScriptの本質は見てきたとおりです。HTMLと相互に作用し、画面要素を更新し、画面上のイベントに反応して動作する。これが、JavaScriptです。

 次の例に行く前に、あらためてテストのピラミッドについて触れておきましょう。今どここの部分を学んでいるかを再確認するためです。

DOMを扱う

詳しく解説するほどではないですが、触れておくと役に立つものとして、DOM（Document Object Model）*と呼ばれる概念があります。これは、HTMLページとJavaScriptの間をつなぐ概念です。

DOMは、HTMLドキュメント中の各ノードを表現するためのプログラマブルなインターフェイスです。たとえばあなたがHTML上で表や段落を定義したとき、DOMはAPIを通してその要素をプログラムから取得したり操作、更新したりする手段を提供します。JavaScriptは、DOMを呼び出して、こういった操作を実現しています。

とりあえず今は、「JavaScriptはHTMLを操作するための手段」という理解で十分ですが、JavaScriptとHTMLの間に、「DOM」というもう1つの階層があることを頭の隅に入れておいてください。

7.2 JavaScriptとテストのピラミッド

JavaScriptを使ったブラウザ上のテストは、最初は少し不自然に感じられるかもしれません。これまで別物だとしていたユニットテストとUIの世界を、合わせて考えることになるためです。

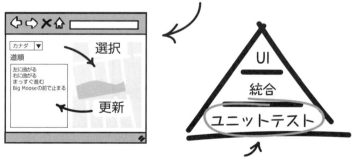

以前の章で解説してきたUIテストは基本的にエンドツーエンドで動くテストであり、複数の層を通じて機能をテストできることがUIテストの魅力でした。

---

* https://ja.wikipedia.org/wiki/Document_Object_Model

しかし、UI自体のテストをするなら、必ずしもエンドツーエンドでなければならないとは限りません。実際、UI単体で局所的に実行できればより便利に、高速にテストを行えます。これからJavaScriptのテストでやろうとしているのは、まさにそういうことです。

はっきりさせておくと、これらは2種類の別々のテストです。ピラミッドの頂点にあるエンドツーエンドのUIテストは、アプリケーションのすべての層を通過します。

UIテストはエンドツーエンドに動くこともできるし……

しかし、この章で対象にしているUIテストはそうではありません。エンドツーエンドで動くのではなく、きわめて局所的に動き、ブラウザ上で起きていることだけをテストします。

局所的に動くこともできる
対象はブラウザ上で起きていることだけ

つまりここで言いたいのは、エンドツーエンドのUIテストをどこまでに留めて、どこからをJavaScriptによるユニットテストにするのか、という決断をチームでしなければいけないことです。

その線引きは、さほど難しいものではありません。多少オーバーラップがあっても問題ないでしょう。ただし、明らかに無駄な重複はテスト全体を遅くするだけなので、避けたいものです。

もちろん、UIテストを常にエンドツーエンドにさせる必要はありません。それらはローカルでも実行できます。

さて、準備は整いましたか？ みなさんもデーヴと一緒にバグハンティングに出かけて、ことの成り行きを見守っていきましょう。

7.3 バグハント

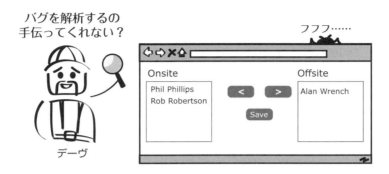

デーヴの持っている人員管理のページでは、任意の建築業務に対して誰がオンサイトで、誰がオフサイトで働いているかを管理しています。このページは、普段はとても役に立っています。操作したいメンバーをリスト上で選択し、適切なリストへ動かすために左右いずれかの矢印をクリックすると、画面が更新されます。何も難しいことはありません。

ただし、ある致命的な問題を除いてはです。なんと、このページの左向きの矢印ボタン、つまりメンバーをオフサイトからオンサイトのリストへ移動させるボタンが機能していないのです。

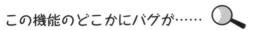
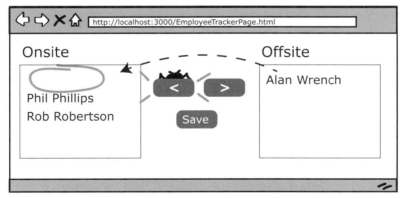

右側のリストでメンバーを選択し、左矢印のボタンをクリックしても、何も起きません。リストが更新されないのです。

デーヴには、このバグを解析するのを手伝ってもらいましょう。また、解析ができたら、同

じバグが二度と起きないことを保証するために、テストを書いた方が良いでしょう。では、HTMLから始めましょう。

7.4　ステップ1：HTMLを調べる

JavaScriptのデバッグを行うときには、状況を把握するために、そのJavaScriptが動いているHTMLの構造がどうなっているかを確認します。

対象の画面のHTMLは次のようになりました。

```html
<html>
<head>
  <meta content="text/html;charset=utf-8" http-equiv="Content-Type">
  <meta content="utf-8" http-equiv="encoding">
  <script src="https://ajax.googleapis.com/ajax/libs/jquery/3.0.0/jquery.min.js">
  </script>

  <!-- ここにソースファイルを記載する -->
  <script type="text/javascript" src="src/EmployeeModel.js"></script>
  <script type="text/javascript" src="src/EmployeeController.js"></script>

  <script type="text/javascript">
    $(document).ready(function () {
      new EmployeeController().init();
    });
  </script>

</head>

<body>
<div>
  <div style="width:auto;float:left; margin-left:20px">
    <table>
      <tr>
        <td>
          Onsite
        </td>
      </tr>
      <tr>
        <td>
          <select id="Onsite" size="4" multiple="multiple" style="width:300px">
            <option value="1">Alan Wrench</option>
            <option value="2">Phil Phillips</option>
            <option value="2">Rob Robertson</option>
          </select>
        </td>
        <td style="text-align:center">
          <input id="leftArrow" type="button" value=" < "/>
          <input id="rightArrow" type="button" value=" > "/>
        </td>
      </tr>
    </table>
  </div>
  <div style="float:left; margin-left:20px;">
    <table>
      <tr>
        <td>
```

```
          Offsite
        </td>
      </tr>
      <tr>
        <td>
          <select id="Offsite" size="4" multiple="multiple" style="width:300px">
          </select>
        </td>
      </tr>
    </table>
  </div>

  <div style="clear: both; padding-left: 220px;">
    <input id="save" type="submit" value="Save"/>
  </div>
 </div>
 </body>
</html>
```

たくさんのコードが見えますが、慌てないでください。実は、書かれているプログラムはそんなに多くはありません。ほとんどは基本的なHTMLのテーブルのマークアップであり、実際に動くプログラムの部分は少なめです。

上の方から始めます。次の行は、デーヴのチームで使っているサードパーティー製のライブラリをインポートしています。

```
<script src="https://ajax.googleapis.com/ajax/libs/jquery/3.0.0/jquery.min.js">
</script>
```

このライブラリはjQuery[*]と呼ばれ、JavaScriptのプログラムの中でリストボックスやその他諸々の画面要素を選択するときに役立ちます。

1つ前の例とは違い、このファイルの中に書かれているJavaScriptのコードは多くありません。それは、以下にあるように、外部にある別のファイルからプログラムがロードされているためです。

```
<script type="text/javascript" src="src/EmployeeModel.js"></script>
<script type="text/javascript" src="src/EmployeeController.js"></script>
```

この2つのJavaScriptのコードは、デーヴのチームがこのページのために作成したものです。この部分は後でテストしていきます。ここでは外部ファイルに書かれたプログラムをHTMLへロードし、JavaScriptのオブジェクトへHTMLからアクセスして呼び出せるようにしています。呼び出している部分は次にあります。

```
<script type="text/javascript">
  $(document).ready(function () {
```

---

[*] https://jquery.com/

```
        new EmployeeController().init();
    });
</script>
```

この部分が、デーヴの作ったJavaScriptのコードとHTMLをつなぐゲートウェイになっています。ここでは外部ファイルで定義されたオブジェクトを作って初期化し、動かすことができます。

そして残りの部分は単なるHTMLです。幸いなことに、私たちの解析に関係がある要素は5つだけです。2つのリストボックスと、3つのボタンです。

```
<select id="Onsite" size="4" multiple="multiple" style="width:300px">
    <option value="1">Alan Wrench</option>
    <option value="2">Phil Phillips</option>
    <option value="2">Rob Robertson</option>
</select>

<select id="Offsite" size="4" multiple="multiple" style="width:300px"></select>

<input id="leftArrow" type="button" value=" < "/>
<input id="rightArrow" type="button" value=" > "/>
<input id="save" type="submit" value="Save"/>
```

これらの要素の気が利いているところは、すべてに一意なIDが付与されていることです。おかげで、簡単に要素を選択できます。

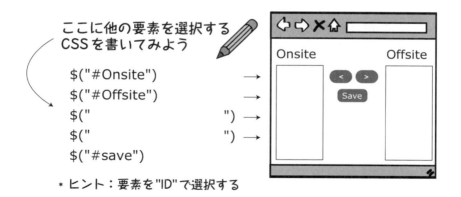

HTMLの調査はこれくらいで十分です。デーヴのコードと関連している画面要素を見つけられました。

今度はギアを切り替えて、HTMLを操作するためのJavaScriptを詳しく見ていきましょう。

7.5　ステップ2：JavaScriptを解析する

前の節で見たとおり、デーヴのページで実行されるJavaScriptのファイルは2つあります。`EmployeeModel`と`EmployeeController`です。まず、モデルの方から見ていきましょう。

```javascript
var EmployeeModel = function(){
    function getOnsite(){
        var selectedArray = [];
        $.each($('#Onsite option'),function(key,option) {
            selectedArray[selectedArray.length] = $(option).val();})

        return selectedArray;
    }
    function getOffsite(){
        var selectedArray = [];
        $.each($('#Offsite option'),function(key,option) {
            selectedArray[selectedArray.length] = $(option).val();})

        return selectedArray;
    }
    function getOnsiteIsEmpty(){
        var selectedArray = [];
        $.each($('#Onsite option'),function(key,option) {
            selectedArray[selectedArray.length] = $(option).val();})

        return selectedArray.length === 0;
    }
    function saveParameters(){
        var employees = $("#Onsite > option").map(function() {
            var jsonData = {};
            jsonData[$(this).val()] = $(this).text();
            return jsonData;
        }).get();

        return {"employees": employees};
    }
    return {
        getOnsite : getOnsite,
        getOffsite : getOffsite,
        getOnsiteIsEmpty : getOnsiteIsEmpty,
        saveParameters: saveParameters
    }
};
```

`EmployeeModel`の責務は、デーヴのプログラムが必要とするデータに画面からアクセスすることです。2つのリストボックスから値を読み取る機能（`getOnsite`と`getOffsite`）、オンサイトのリストボックスが空かどうかをチェックする機能（`getOnsiteIsEmpty`）、そしてオンサイトの人員情報をバックエンドのサーバーに送信して保存するためのフォーマッ

トに変換する機能（saveParameters）があります。

　EmployeeModelが画面上のデータにアクセスするのに対して、EmployeeControllerはデータの操作を担当します。

```javascript
var EmployeeController = function (pModel) {

    var model = pModel || new EmployeeModel();

    function init() {

        var that = this;

        $('#leftArrow').click(function () {
            $('#Offsite option:selected').appendTo('#Onsite');
        });

        $('#rightArrow').click(function () {
            $('#Onsite option:selected').appendTo('#Offsite');
        });

        $('#save').click(function () {
            if (that.model.getOnsiteIsEmpty()) {
                that.showErrorDialog();
            } else {
                that.save();
            }
        });

        return this;
    }

    function save() {

        params = model.saveParameters();

        $.ajax({
            type: "POST",
            traditional: true,
            url: "/tracker",
            data: params,
            dataType: 'json',
            success: function (result) {
                $('#SuccessMessage').html(result.message);
            }
        });
    }

    function showErrorDialog() {
        alert('Error - Onsite cannot be empty');
    }

    return {
        init: init,
        save: save,
        showErrorDialog: showErrorDialog,
        model: model
    };
```

```
};
```

このコードは各ボタンが押下されたときの動作を定義しています。たとえば`#leftArrow`ボタン（左矢印）がクリックされると、`#Offsite`リストボックスで選択されたデータを取得して、`#Onsite`のリストボックスに追加します。

```
$('#leftArrow').click(function () {
    $('#Offsite option:selected').appendTo('#Onsite');
});
```

`rightArrow`のクリックも同様です。データを移す方向が逆になるだけです。

```
$('#rightArrow').click(function () {
    $('#Onsite option:selected').appendTo('#Offsite');
});
```

［Save］ボタンの処理はもう少し複雑です。［Save］ボタンがクリックされると、オンサイト用のリストボックスが空かどうかがチェックされます。もし空だった場合は、エラーダイアログを表示します。空でなかった場合は処理を進め、モデル側でオンサイトとして選択されている名前を保存します。

```
$('#save').click(function () {
    if (that.model.getOnsiteIsEmpty()) {
        that.displayErrorDialog();
    } else {
        that.save(that.model);
    }
});
```

　これらのオブジェクトのモデル、コントローラといった名称は、デーヴのチームで使っているMVC（Model View Controller）[*]と呼ばれるポピュラーなデザインパターンから来ています。
　MVCは古典的ですが強力なソフトウェア開発のデザインパターンで、今日でも多くのライブラリで使われています。MVCでは、データ（モデル）をビュー（今回の場合であれば、HTMLのページ）から切り離し、両者の相互作用についてはコントローラと呼ばれるものを経由します。
　基本的な考え方は、ビューは直接モデルを操作すべきではなく、その逆も同様ということです。モデルとビューの間の通信は、すべてコントローラを通します。この考え方によってコードの可読性が向上するだけでなく、各オブジェクトの責務が明確になるため保守性も向上します。
　ここではこれ以上の詳細な理解は置いておき、どのようにテストを書くか、そしてテストを作成しながら、どうやってデーヴのバグの原因を掴むことができるのかという、楽しいパートに入っていきましょう。

---

[*] https://ja.wikipedia.org/wiki/Model_View_Controller

7.6 ステップ3：テストを書く

JavaScriptのコードを書くことになっても、考え方はシンプルに行きましょう。まずはモデルから初めて、画面要素を正しく取得していることを検証します。その後、今度はコントローラの動作に着目して、期待通りの動作をしていることを検証します。

ここで使うテスティングフレームワークは、Jasmine[*]と呼ばれるものです。Jasmineは、JavaScriptのユニットテストに使われるフレームワークの中でもポピュラーなものの1つですが、唯一のフレームワークというわけではありません。さらにもう1つのサードパーティー製ライブラリであるjasmine-jquery[†]を使います。こちらは、JasmineとjQueryをうまく協調させるためのツールです。

準備は良いでしょうか？ では、モデルから見ていきます。

7.6.1 モデル

他のユニットテストと同じように、JavaScriptのユニットテストでも、オブジェクトやデータを準備するセットアップのフェーズと、そのデータに対してテストを実行して結果が正しいことを確認するテストのフェーズがあります。

たとえば次の4つの関数をテストするには、

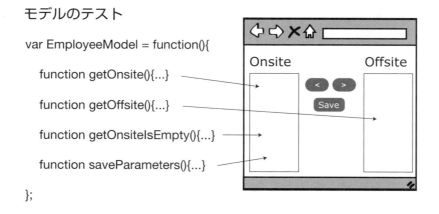

モデルのテスト

次のようなコードを書きます。

```
<caption aid:pstyle='emlist-title'>javascript/spec/EmployeeModelSpec.js
describe("When selecting elements for employee", function(){

    var model;
```

---

[*] https://github.com/jasmine/jasmine
[†] https://github.com/velesin/jasmine-jquery

```
    beforeEach(function() {
        setFixtures(
            '<select id="Onsite" size="4" multiple="multiple">' +
            '<option value="1">One</option>' +
            '<option value="2">Two</option>' +
            '</select>' +
            '<select id="Offsite" size="4" multiple="multiple">' +
            '<option value="3">Three</option>' +
            '<option value="4">Four</option>' +
            '</select>'
        );

        model = new EmployeeModel();
    });

    it("should be able to get Onsite", function () {
        expect(model.getOnsite()).toEqual(['1', '2']);
    });

    it("should be able to get Offsite", function () {
        expect(model.getOnsite()).toEqual(['3', '4']);
    });

    it("should be able to get saveParameters", function(){
        var expected = {"employees": [{"1": "One"},{"2": "Two"}]};
        expect(model.saveParameters()).toEqual(expected);
    });

    it("should be able to detect if Onsite is empty", function(){
        expect(model.getOnsiteIsEmpty()).toBeFalsy();
    });

});
```

最初に行うことは、2つのリストボックスを用意し、そこにダミーデータを追加し、さらに`EmployeeModel`クラスのインスタンスを作成して使えるようにすることです。これをやっているのが、次の部分です。

```
describe("When selecting elements for employee ", function(){

    var model;

    beforeEach(function() {
        setFixtures(
            '<select id="Onsite" size="4" multiple="multiple">' +
            '<option value="1">One</option>' +
            '<option value="2">Two</option>' +
            '</select>' +
            '<select id="Offsite" size="4" multiple="multiple">' +
            '<option value="3">Three</option>' +
            '<option value="4">Four</option>' +
            '</select>'
        );

        model = new EmployeeModel();
    });
```

このようにテストページを準備しておくと、このページに対してモデルをテストして動作を確認できます。

たとえば`getOnsite()`というメソッドが`#Onsite`リストボックスに列挙された従業員のIDを返すことを確認するには、次のようなコードを書きます。

```
it("should be able to get Onsite", function () {
    expect(model.getOnsite()).toEqual(['1', '2']);
});
```

このテストでは、モデルを使ってテストデータで定義したIDの取得を試み、定義したとおりの値が返ってくることを確認しています。データを準備している`setFixtures`が`beforeEach`メソッドでラップされており、これによって各テストケースの実行前にフレッシュなデータが投入されることを保証しています。

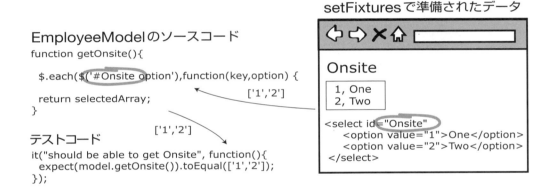

`getOffsite`、`getOnsiteIsEmpty`、`saveParameter`の各メソッドに対しても基本的には同じです。セットアップでもっとテストデータを増やしたり、IDの値を変えたりすることで、似た方法によって残りのメソッドについてもテストが可能です。これまでやってきたユニットテストと同じですね。

さて、テストを実行してみると、すべてパスするようです。ということは、まだバグを見つけられてはいません。

それでは続けてコントローラの方も探ってみましょう。

7.6.2 コントローラ

コントローラはボタンが押下されたときの処理を責務として持っています。この画面で具体的に言うと、左右の矢印ボタンと［Save］ボタンです。

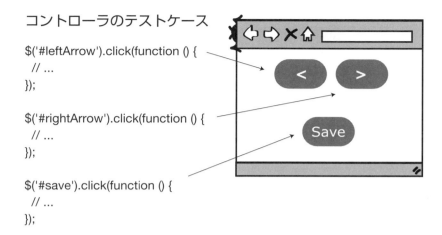

コントローラのテストケース

```
$('#leftArrow').click(function () {
  // ...
});

$('#rightArrow').click(function () {
  // ...
});

$('#save').click(function () {
  // ...
});
```

左矢印に問題があることはすでにわかっていますが、疑わしい部分は後回しにして、まずは[Save]ボタンから攻めていきましょう。

Saveボタン

[Save]ボタンの動作で特徴的なのは、データを保存する前にまずオンサイトのリストボックスが空でないことを確認するところです。

```
$('#save').click(function () {
    if (that.model.getOnsiteIsEmpty()) {
        that.showErrorDialog();
    } else {
        that.save();
    }
});
```

ユニットテストを実行するときに`that.save`は呼び出したくありません。この部分はサーバーへのネットワーク接続を行いますが、ユニットテスト内でのネットワーク接続は避けたいからです。

その代わりにやるべきことは、エラーダイアログの表示処理とデータの保存処理がそれぞれ適切な条件の下で呼ばれることの確認です。たとえばこんな書き方ができます。

```
describe("When saving the tracker list", function() {
    var controller = null;

    describe("and Onsite has people", function() {
        beforeEach(function() {
            setFixtures(
```

```
            '<select id="Onsite" size="4" multiple="multiple">' +
            '<option value="1">One</option>' +
            '<option value="2">Two</option>' +
            '</select>' +
            '<input type="submit" id="save" value="Save"/>'
        );

        controller = new EmployeeController().init();
    });

    it("should save", function() {
        spyOn(controller, 'save');
        $('#save').click();
        expect(controller.save).toHaveBeenCalled();
    });

});

describe("and Onsite is empty ", function() {

    beforeEach(function() {

        setFixtures(
            '<select id="Onsite" size="4" multiple="multiple">' +
            '</select>' +
            '<input type="submit" id="save" value="Save"/>'
        );

        controller = new EmployeeController().init();
    });

    it("should show error dialog", function() {
        spyOn(controller, 'showErrorDialog');
        $('#save').click();
        expect(controller.showErrorDialog).toHaveBeenCalled();
    });

});

});
```

ここでは2つのテストを行っています。1つ目はオンサイトのリストボックスが値を持っているときにsaveが呼ばれることを確認し、2つ目はリストボックスが空のときにエラーダイアログが表示されることを確認しています。

どちらのテストも、Jasmineの**spy**と呼ばれる機能を利用しています。

```
    it("should save", function() {
        spyOn(controller, 'save');
        $('#save').click();
        expect(controller.save).toHaveBeenCalled();
    });
```

前の章で、モック化の技術について少し触れましたが（「11章 効果的なモックの活用」でさらに詳しく解説します）、Jasmineでモックやスタブを扱うための仕組みがこのspyという機

能です。

　spyOnというメソッドの機能は、おそらく名前から見当がつくと思いますが、指定されたオブジェクトを文字通り「スパイ」して、テスト実行中に特定のメソッドが呼ばれたかどうかをチェックすることです。

　コントローラのsaveメソッドを実際には呼び出したくない私たちからすると、これは便利な機能です。今知りたいのはコードのロジックが正しいメソッド呼び出しを行ったかどうかなので、spyを使うのが手軽です。

　このテストを実行しても、やはりバグは見つからないようです。では矢印ボタンへと進みましょう。

矢印ボタン

　矢印ボタンのテストはモデルのテストと似ています。リストボックスにHTMLのデータを準備し、左右の矢印ボタンをクリックしてリスト間で正しくメンバーが移動することを確認します。

```
describe("When adding employees", function(){

    var model;
    var controller;

    beforeEach(function() {
        setFixtures(
            '<select id="Onsite" size="4" multiple="multiple">' +
            '<option value="1">One</option>' +
            '<option value="2">Two</option>' +
            '</select>' +
            '<input id="leftArrow" type="button" value=" < "  />' +
            '<input id="rightArrow" type="button" value=" > " />' +
            '<select id="Offste" size="4" multiple="multiple">' +
            '<option value="3">Three</option>' +
            '<option value="4">Four</option>' +
            '</select>'
        );

        model = new EmployeeModel();
        controller = new EmployeeController().init();
    });

    it("should be able to transfer from Onsite to Offsite", function(){
        expect(model.getOnsite()).toEqual(['1','2']);
        expect(model.getOffsite()).toEqual(['3','4']);
        $("#Onsite").val('2');
        $('#rightArrow').click();
        expect(model.getOnsite()).toEqual(['1']);
        expect(model.getOffsite()).toEqual(['3','4', '2']);
    });

    it("should be able to transfer from Offsite to Onsite", function(){
        expect(model.getOnsite()).toEqual(['1','2']);
        expect(model.getOffsite()).toEqual(['3','4']);
```

```
        $("#Offsite").val('3');
        $('#leftArrow').click();
        expect(model.getOnsite()).toEqual(['1','2','3']);
        expect(model.getOffsite()).toEqual(['4']);
    });

});
```

次の箇所では、リストの値をチェックして、テストデータが正しくセットアップされていることを確認しています。

```
        expect(model.getOnsite()).toEqual(['1','2']);
        expect(model.getOffsite()).toEqual(['3','4']);
```

また、ユーザーが画面を操作する内容を再現している箇所もあります。

```
        $("#Onsite").val('2');
        $('#rightArrow').click();
```

上のコードの1行目では#OnsiteというCSSセレクタを使い、リストの項目の中からvalue属性が'2'であるものを選択しています。2行目では同じようにCSSセレクタを使って今度は右矢印ボタンを選択し、click()イベントを起こしています。

次の最後の2行は、結果の確認です。もしすべてが正しく動いた場合、オンサイトのリストボックスには値が1つだけ残り、オフサイトのリストボックスには値が3つあるはずです。

```
        expect(model.getOnsite()).toEqual(['1']);
        expect(model.getOffsite()).toEqual(['3','4', '2']);
```

しかし、結果はそうなりませんでした。テスト失敗です。ということは、デーヴが言っていたバグはこのあたりにありそうです。

あらためてsetFixturesのコードを見直して、何か問題がないか確かめてみましょう。

```
            '<select id="Offste" size="4" multiple="multiple">' +
            '<option value="3">item 3</option>' +
            '<option value="4">item 4</option>' +
            '</select>'
```

何か間違っているところはあるでしょうか？　たとえばOffsteという単語に問題が——ありましたね。"i"が抜けています。正しい綴りはOffsiteです。

今回はテストコードのバグでした[*]。#Offsiteの要素に付けるべきIDのタイプミスが原因

---

[*] 訳注：この章の始めのほうでデーヴが訴えていたのはテストコードではなくプロダクションコードのバグなので、実際にはこのバグハントではバグの原因を見つけるまでには至っていません。本来はバグのないテストコードによってテストが「正しく失敗する」ことを確認した上でプロダクションコードを修正し、次にテストが成功するのを確認するのが通常の流れです。ただし、この例のように、テストコードが原因となって、バグではないのにテストが失敗することもよくあるので、覚えておきましょう。

です。それにしても、どうしてこのようなことが起きてしまったのでしょうか？

　ちょうどよい機会なので、JavaScriptを学ぶ上で重要な概念である「型安全性」についてお話しましょう。

7.7　静的型付けと動的型付け

　コンピュータプログラムが実行される際には多くのルールが適用され、コードの中の変数やメソッドがすべて正しく宣言され、実行できる状態になっているかどうかがチェックされます。

　これは**型検査**と言って、コードを作成するプロセスの中でバグの早期発見を助けることを主目的としています。

　たとえばJavaのような強く型付けされた言語でミスを混入させた場合（うっかり`int`型の変数に`String`を代入したときなど）、Javaのコンパイラが知らせてくれます。

静的な型検査 - コンパイル時

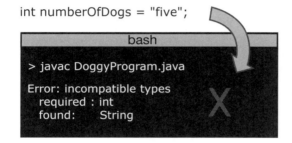

　これは**静的な型検査**と呼ばれ、JavaやC#のように強く型付けされた言語ではコンパイル処理の一部としてこのチェックを行いプログラムの実行前に問題を教えてくれます。

　JavaScriptとこれらの言語との違いは、JavaScriptにはコンパイルという処理が存在しないことです。JavaScriptは**動的型付け**言語です。コンパイルは不要で、プログラムは即実行されます。

　書いたコードを何度も素早く繰り返し試すことができるという点では、コンパイル不要という特徴は優れています。欠点は、何かタイプミスをしていても、ユニットテストを実行したり、ブラウザで実行してみたりしないと気づかないということです。

動的な型検査 – 実行時

バグ発生！

　これはJavaScriptのデバッグをややこしくさせる一因です。コンパイルが存在しないので、JavaScriptの開発者はコードを書くときにより慎重になり、登場するオブジェクトの型が正しいことを自分で保証しなければなりません。

　そうなると、ユニットテストの果たす役割はますます重要になってきます。ユニットテストとjslint[*]（JavaScriptのよくあるエラーを発見するツール）のようなツールを組み合わせて使うことで、JavaScriptのコードをより頑健にし、バグを少なく保つことができるようになります[†]。

　かなり長い章になってしまいましたが、お疲れさまでした！ 初めてのJavaScriptのテストを走破しましたね。頑張った自分を褒めてあげましょう。

　ではここでちょっとした質問タイムを設けます。

---

[*] http://www.javascriptlint.com/

[†] 訳注：注意深い読者ならお気づきかもしれませんが、前の節で問題になっていた"#Offsite"のタイプミスによるエラーは、必ずしも静的な型検査で防げるとは限りません。強く型付けされた言語でも、実行時エラーとなることはあります。型検査によって発見できる問題と、そうでない問題については、ぜひ自分でコードを書いて理解を深めてください。

7.8 質問タイム

HTMLを直接テストコードに埋め込むと、実際のページと同期が取れなくなってしまうんじゃないの？

その通り、良い指摘ですね。HTMLをユニットテストに直接埋め込むと、実際に使用するHTMLファイルと乖離してしまうというリスクは避けられません。注意深くメンテナンスしていないと、データが異なるせいで「ユニットテストは成功しているのに本番のコードではバグが起きてしまう」ということにもなりかねません。

そこで、多くのフレームワークでは次のように外部ファイルからテストデータをロードできるようになっています。

```javascript
describe("When selecting elements for employee - external fixture", function(){

    var model;

    beforeEach(function() {
        loadFixtures('ListboxFixture.html');
        model = new EmployeeModel();
    });

    it("should be able to get Onsite", function(){
        expect(model.getOnsite()).toEqual(['1','2']);
    });
});
```

ただし、テストコードに直接HTMLのコードを含めるやり方にも、多少メリットがあります。1つは、テストデータとテストコードをより近くに配置することで、テストの可読性が向上することです。また、特定のテストに必要なHTMLだけを対象にしてページ全体を見ずに済むようにすることで、デバッグやトラブルシューティングが楽になる側面もあります。これは、トレードオフの関係です。

両方の手法を実験してみて、どちらがやりやすいか考えてみてください。テストの内容に応じて、どちらが良いかは変わってきます。

　JavaScriptの良いところの1つは、新しいアイデア、ツール、コーディングやテストの書き方についての議論に、今でも事欠かないところです。

　ですから、コーディングやテストに関してさまざまなスタイルを見かけたとしても、気にしないでください。唯一の決まったスタイルというものはありません。

　だからこそ基礎を学ぶことは非常に大切です。JavaScriptとは何か、どのように動くか、どこで使われているのか、といったことを少し知っているだけでも、採用するツールや技術を選ぶ上でかなり役立ちます。

　とは言えツールや技術の選択は容易ではありません。世界で有数のエンジニアたちでさえ苦労していることなのです。技術のトレンドが常に変化して、新しいツールやフレームワークの波が絶え間なく押し寄せてきても焦らないでください。必要な技術は常に変わります。それはゲームの一部のようなものです。

　とにかく基礎を学び、手を動かし続けましょう。そして、『JavaScript: The Good Parts－「良いパーツ」によるベストプラクティス』［Cro08］を読みましょう。短い書籍ですが、JavaScriptのより尖った部分を理解するのに役立ちます。

UIテストには選択肢があるということ、すべてがエンドツーエンドである必要はないということは知っておいてください。

もし何かをエンドツーエンドのUIテストで自動化していて困ったことがあったら、ぜひとも近くにいる仲の良い開発者に相談してUI上のユニットテストで解決できることがないか考えてみましょう。

エンドツーエンドよりもずっと簡単にテストができる可能性もありますし、これまでより高速に、そしておそらくメンテナンスしやすいテストになることは間違いありません。

7.9 この章で学んだこと

よく頑張りました！多くの内容が詰め込まれた長い章でしたが、やり遂げましたね。

この章で学んだ大事なポイントをおさらいしましょう。

- ブラウザ上で起きていることをユニットテストで確認できる。
- UIテストは必ずしもエンドツーエンドである必要はない。
- JavaScriptは静的型付け言語ではないので、キーボードのタイプミスには十分注意しなければならない。

私たちは重要なトピックの表面を少しさらったに過ぎません。もしもっと深く学びたい場合は、ぜひJavaScriptのテストに関する別の書籍（Venkat Subramaniamの"Test-Driving JavaScript Applications"［Sub16］など）に挑戦してみてください。

ここまでピラミッドのそれぞれの階層を見てきましたので、今度は全体をまとめて考えてみます。次の章ではすべてのテストがそれぞれどのように協調するか、そしてシステムをテストする上でどのように使われるのかを見ていきます。

ページをめくって、テストのピラミッドの力を探る旅のゴールを迎えましょう。

8章
ピラミッドを登る

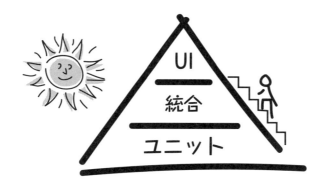

　ここまで、ピラミッドの中のそれぞれのテストについて見てきました。各テストがどんな仕組みで動くのか、実際にはどんなテストケースになるのかも学びました。今度はいよいよ、すべてのテストを組み合わせることについて考えていきましょう。

　この章のゴールは、テストのピラミッドが具体的にはどんなものになるかという感覚を知ることです。小さな機能の開発を例にとってピラミッドの各階層を巡り、どんなテストをどこで書くのが一般的に正しいのか、そして各テストが他のテストをどうサポートし、補完するのかを詳しく解説します。

　この章を読み終える頃には、それぞれのテストを使用するにふさわしい場面、テストの線引きが難しいところ、そして実践に移したときにチームが直面するさまざまな問題にどう対処するかをしっかりと理解できているはずです。

　本書の中であなたのチーム全員に読んでいただきたい重要な章が2つだけあるとすると、それは「1章 テストのピラミッド」と、この8章です。

8.1　ピラミッドの具体例

　このピラミッド全体がどのように作用するかという感覚を掴むために、「2章 ユーザーインターフェイステストに触れる」で登場したユーザー登録機能を例にとって考えてみましょう。ピラミッドの3つの階層に対して一からテストを書くと、いったいどのようになるのでしょうか。

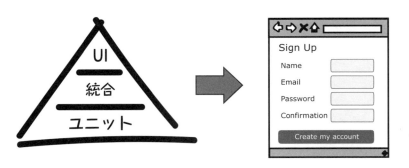

8.2　ユニットテストから始める

　本書では最初にUIテストから始めましたが、実際にテストを書くときにUIテストから始めるべきというわけではありません。

　ユニットテストは開発者がシステムに機能を追加するたびに書くものなので、ほとんどのチームはユニットテストから始めます。基本的な考え方は、「壊れる可能性のあるものはすべてテストする」ということです。

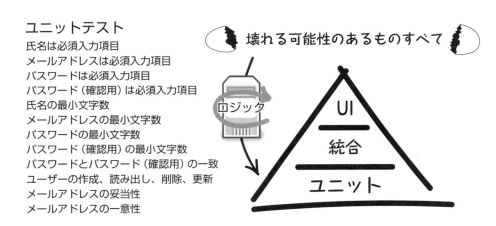

　「壊れる可能性のあるものはすべてテストする」というのは昔からあるXP（eXtream Programming）の格言で、「妥当と思える範囲はできるだけテストするが、本当にすべてのテ

ストはできないことを意識しておく」といった意味です。私たちはすべてをテストできないことを知っています。しかし本当に重要な部分に対しては、可能な限りテストしなければなりません。

ユニットテストはサーバー上のものだけとは限らないことを思い出してください。ブラウザ上にも、そしてコードが書かれているところであればどこにでもユニットテストは存在し得ます。基本的な考え方としては、手軽にテストを作って実行できるこの層で面倒な仕事の大部分は終えておくようにします。そうすれば、ピラミッドの上の層で苦労する必要がなくなります。

8.3 統合テストへステップアップする

統合テストのレベルに来ると、考え方は少し変わります。ここでは壊れる可能性のあるものをすべてテストすることは目指しません。代わりにユニットテストでカバーしきれない隙間の部分と、大まかなつながりを見るようにします。

統合テスト
有効な認証情報でユーザーを作成する
無効な認証情報でユーザーを作成する
HTTPのステータスコードの確認
HTTPのリダイレクトの確認

Webサービスへのリクエストはデータベースまで届きましたか？　認証用のサービスはログインのためのコードに正しく接続されていますか？　統合テストで確認したいのはこういったことであり、ユニットテストですでにカバーしたような詳細な部分ではありません。

統合テストで見るような観点で開発者がユニットテストを書いていることもありますが、あまり気にしないでください。そうなっているのは、主に歴史的経緯からです。

自動テストが使われ始めた初期の頃は、ユニットテストと統合テストはそれほど区別されておらず、単に「テスト」として認識されていました。開発者は2種類のテストの違いを特に気にしていなかったため、ユニットテストで見るべきものかどうかに関わらず必要なものはテストし、そのすべてをユニットテストと呼んでいたのです。

しかしWebにおけるテストのピラミッドを意識している私たちにとっては、統合テストはWebサービスのテストにフォーカスしたものということになります。そして、ユニットテスト

はその基盤を構成している個別のオブジェクトのテストです。

このケースでの統合テストとして適切なのは、有効、無効それぞれのログイン情報についてテストし、各テストで対応するHTTPのステータスコードが返ってきていて、必要なリダイレクトが行われているのを確認することです。

8.4　UIテストへ到達する

UIテストの階層に達する頃には、私たちはだいぶ自信を持っています。システムの大部分が、これまでの層でしっかりとテストされてきたことを知っているからです。詳細なロジックはすべてユニットテストの階層で扱うことができました。UIテストに求めることは、エンドツーエンドでシステムを確認すること、そしてUIとの接続をテストすることです。

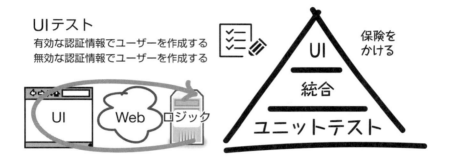

この階層では十分に注意してください。UIテストは優れたエンドツーエンドのテストなので、ついついここで多くのテストをしたいという誘惑にかられてしまいます。ですが、その誘惑に負けてはいけません。

できるだけたくさんのテストをピラミッドの下の層、つまり高速で、信頼性が高く、より安定したテストが実行できる層へ押し込めるようにするべきです。UIテストは高レベルなエンドツーエンドのスモークテストであり、ユーザーインターフェイスがある程度落ち着いてからプロジェクトに追加されるべきテストと考えてください。UIの変更がまだ多く続いている開発の初期段階で追加すべきものではありません。初期に壊れやすいUIテストを追加しても、うっとうしいだけです。

さらに言うと、システムに対してUIテストが1件もなくても気にする必要はありません。すべてのアプリケーションにUIテストが必要とは限りません。UIテストは自動テストの中で最も構築や保守に手間がかかり、実行時間も最も長くなります。ですから、UIテストでは深い部分には踏み込まないようにします。

　構築と保守にかかる多大なコストと苦労を考慮に入れたとしても、状況によっては、UIテストはきわめて価値の高いものになります。たとえば、もし私たちが自動UIテストのような手段を持っていなければ、数百万ものユーザーに対して、Spotifyのアプリケーションをリリースすることはできません。自動テストがない場合、2週間に1度のプロダクトのリリースのためだけに大量のテスターを雇って多大なコストを払うことになるでしょう。

　筆者は他にも、高度な安全性を要する金融取引のアプリケーションの開発をしていたことがあります。そのアプリケーションでは、UIのほんの1つのミスが、数百万ドルの損失につながります。UIテストはここでも役に立ちました。

　あなたのピラミッドが常に完璧でなかったり、UIテストを多く書きすぎていてユニットテストが不十分だと感じても、気にしすぎないでください。その問題に気づいているだけでも、課題の半分はクリアしたようなものです。

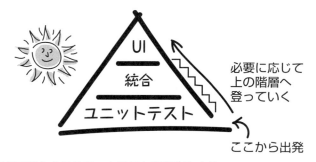

1. UIテストよりユニットテストを優先しよう。
2. ユニットテストで埋められない隙間を統合テストでカバーしよう。
3. UIテストの利用は控えめに。

　次へ進む前に、初めてピラミッドを登るチームが陥りがちな2つの落とし穴について簡単に触れておきましょう。逆ピラミッドと、不安定なテストです。

8.5　逆ピラミッド

多くのUIテストを持ち、ユニットテストは存在しないかほんのわずかしかない頭でっかちのシステムのことを逆ピラミッド、もしくはアイスクリームコーン* と呼ぶことがあります。

逆ピラミッドまたはアイスクリームコーン

ユニットテストは、あってもほんの少しだけ

逆ピラミッドができあがってしまう理由はいくつかあります。よくあるシナリオはこうです。チームはアプリケーションに対して「何かしらの自動テストをすればメリットがある」と考えていますが、誰もそこにテスターのリソースを割きたくありません。しかたがないので、手近なツール、つまりUIテストを選び、可能な限りすべてを手軽に自動化してうまくやろうとしたのです。

アイスクリームは最初は美味しいですが、徐々に困ったことが起き始めます。テスターたちは、テストを安定させるのにかかるコストが大きいことに気づき始めました。それだけでなく、開発者がアプリケーションに加え続ける変更のおかげでテストはしょっちゅう壊れてしまいます。

---

*　http://watirmelon.com/2012/01/31/introducing-the-software-testing-ice-cream-cone

開発者はこのテストのトラブルに対して消極的でした。あくまで「テストの問題」と考えていたのです。そしてついにピラミッドは自らの重さに耐えきれず崩壊してしまうか、もしくはゾンビのような状態で苦しい足取りを続けながら「また自動テストの取り組みが失敗した」というレッテルを貼られることになります。

これがアイスクリームコーンのたどる結末の1つです。

もう1つの結末、テスターと開発者が一緒になって協力した場合はどうなるでしょうか。開発者は自動テストをテスターだけでなく自分たちの問題でもあると認識し、ユニットテストの書き方を学び、テストケースの多くをピラミッドの下の層でカバーしようとし始めました。

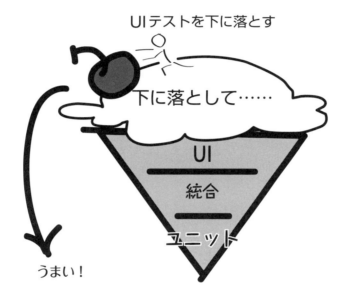

本来あるべき下の層へ移動

逆ピラミッド形が最低最悪というわけではありません。SpotifyのエンジニアであるJulia Osköは、テストのピラミッドに関する経験をこんな風に語っています。

本書で説明してきたテストのピラミッドの考え方は、妥当なものだと思いますが、例外もあります。自動テストの存在しない、巨大なレガシーシステムを扱うときには、逆ピラミッドでやってみる価値があるかもしれません。ユニットテストをゼロから埋め直すのに比べて、コスト面ではリターンを得やすいのです。同じことは、私たちがSpotifyのサービスをモバイルで始めたときのように、比較的新しいプラットフォームで開発するときにも言えます。当時は複数のプラットフォームのサポートが不十分で、ユニットテストや統合テストで使えるライブラリがありませんでした。その場合には、まずUIテストから始めることで、多くの時間を節約できました。

筆者もJuliaの意見に全面的に賛成します。逆ピラミッドでも、ピラミッドそのものが存在しないよりはましです。そして、少しのスモークテストを追加することで素早いリターンを得られるのであれば、それは実施すべき方法なのです。

逆ピラミッドは、最終的な目的地ではなく通過点だということを忘れないでください。今後もソフトウェアに変更を加え続けるのなら、必ずどこかの時点でピラミッドの頂上近くにある遅くて壊れやすいテストを下の層に押し入れて、高速で低コストなテストにしなければならないときが来ます。

しばらくの間逆ピラミッドに留まることは問題ありません。でも、そこを永住の地にしてしまってはいけません。

8.6　不安定なテストの扱い方

自動テスト担当者にとって不安定なテストは、クリプトナイト[*]のようなものです。活力を吸い取り、テストの完了を遅くし、多くの時間を無駄にさせます。

そもそも不安定なテストとは何でしょうか？　それは、信頼性を持って実行できないテストのことです。

次のような、こんなUIテストがあったとしましょう。ユーザーがシステムにログインし、音楽を再生し、ログアウトするという内容です。そのテストを実行したとき、100回のうち99回が成功するとします。これは不安定なテストです。なぜなら、このテストが時々失敗するとそのたびに手を止め、テストを再実行し、成功を祈る必要があるからです。まったくの時間の無駄でしょう。

---

[*]　訳注：クリプトナイトとはスーパーマンの故郷である惑星クリプトンが爆発したときの残骸で、この石の前ではスーパーマンは力を吸い取られてしまうという設定。

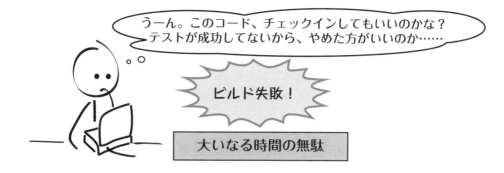

　すべての自動テストは、決定論的に作られなくてはなりません。すなわち、一貫性が求められているのです。実行されるたびに、毎回まったく同じように、高い信頼性を持って動作する必要があります。

　不安定になるのはテストそのものだけとは限りません。テストに関わる周辺のものすべてが不安定さの原因になります。

　私たちのチームのシニアテスターの1人であるKristian Karlは、テストを不安定にする原因について次のように述べています。

> 技術書には、よく「不安定なテスト（flaky tests）」という表現が使われています。私はこの表現について強く言いたいことがあります。「不安定なテスト」と呼ばれているものの多くは、実際にはそうではなく「不安定なテスト結果」です。この2つには大きな違いがあります。それは自動化がはらむ大きな問題を示唆しています。テスト結果が不安定になるのは、一般的にはテストだけのせいではありません。原因はどこにでもあります。多くの場合、最も疑わしいのはテスト対象のシステムですし、もちろんテスト環境も怪しいものです。その他にも可能性は考えられます。問題に対する名前のつけ方が、すでに問題とも受け取れます。「不安定なテスト」という言い方が、自動テストのコードだけを糾弾しているのに対し、「不安定なテスト結果」は、そこまで対象を限定していません。私は後者の方が、チームにとって良い表現だと考えています。

　不安定なテストは、偽装の達人でもあり、バグの検知を見逃す大きな原因になります。検知ミスのような問題は、普段は身を潜めていますが、こちらの予想もしていないときに突然起きるのです。

　さて、戦わなければいけない相手についてわかってきたでしょうか？　不安定なテストを無視したい誘惑に抵抗し、その種のテストに正面から立ち向かうための武器を準備する必要があるのです。

　ここでは、不安定なテストに立ち向かうための3つの手法を紹介します。

8.6.1　テストを書き直す

　テストしようとしている対象をあらためて見直し、他の方法でテストできないかを考えましょう。ログアウトする前に音楽を再生する必要はないかもしれませんし、キャンセル処理の前にホテルや車を予約する必要はないかもしれません。

　まずはしっかりとテストを見直し、やりたいことを見きわめ、そして他に手段がないかを調べるのです。

8.6.2　テストをピラミッドの下の層へ移動させる

　これは常に心がけておくべきことですが、重要なことなので繰り返します。テストを見返して、ピラミッドのもっと下の方の層でテストする別の方法がないかを確認しましょう。

　この話は、テスターのみなさんにとって特に重要です。テスターであればピラミッドの頂上に近いところで作業をすることが多いでしょうから、より多くの不安定なテストを目にすることになります（動かす部分が多くなる統合テストやUIテストでは、不安定なテストも多くなります）。

　不安定なテストを発見したら、開発者を連れてきて、彼らにやりたいことを説明しましょう。そして、もっと下の層にテストを押し込んで、ユニットテストのレベルで攻めることができないかを一緒に考えましょう。もしかすると、すべてを正確にあなたのやりたい通りにテストすることはできないかもしれませんが、不安定なテストが仕事の手間を増やすことを考えれば、そのトレードオフを考慮する価値はあります。また、最初に手動で十分な探索的テストを行った後でよりシンプルな自動テストで補強するというやり方も良いでしょう。

8.6.3　価値のないテストとみなし、テストを止める

　これも正しい考えです。すべての自動テストに不安定さを取り除いて保守している価値があるとは限りません。もし不安定なテストと戦うことに疲れ果て、その改修作業が大きな負担になっているようであれば、テストを止めて、別の方法でリスクをカバーしましょう。

　Facebookではこの方法を取っています。彼らは不安定なテストを見つけると、それを自動的に削除します[*]。なぜでしょうか？　それは残す価値のないテストだと考えるからです。保守する価値もなく、修正する価値もない。彼らはそういったテストを削除し、壊れた箇所については新しいテストを追加します。

---

[*] https://www.quora.com/How-would-you-deal-with-a-large-codebase-that-has-built-up-a-lot-of-flickery-tests-over-the-years

不安定なテストに戦いを挑む

不安定なテストはSpotifyでも大きな問題になっていたため、私たちは開発生産性向上隊という部隊（私たちはチームのことをそう呼んでいます）を結成しました。この部隊の主な役割の一つは、他の部隊をサポートして、彼らの不安定なテストを取り除くことです。

私たちは数多くの不安定なテストを抱えていたので、その仕事は簡単なものではありませんでした。しかしそれでも、掛けたコストに見合うだけの仕事でした。不安定さの解決に全社で取り組んだ結果、私たちのリリースの安定性と信頼度の高さは、劇的に向上しました。それだけでなく、ゾンビのような壊れたテストの修正／再実行に費やしていた、数え切れない時間を節約することもできたのです。組織はうまく動くようになり、全員がハッピーになりました。そして、証明することこそできませんが、チーム全員が、余計なストレスから解放され、ダイエットに成功して、より良い生活を送っているように思えました。

専任の開発生産性向上チームを持つことはコスト上難しいかもしれませんが、不安定なテストについては真剣に考え、できるだけ早く解決するようにしましょう。きっと後悔はしないはずです。

8.7　この章で学んだこと

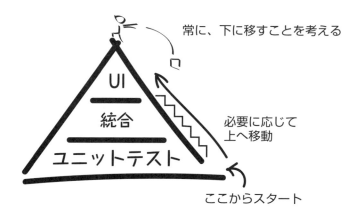

お疲れさまでした。この章ではテストのピラミッド全体を見渡し、そこで直面する課題をいくつか経験し、課題を解決する手法についても見てきました。

自動テストは、けっして簡単なものではありません。大きな困難を伴う仕事ですし、完璧なゴールに到達することもありません。常にマイナーチェンジを重ね、学習し、調整を続ける必要があります。ただし、多くのトラブルから守ってくれる経験則は存在します。それが、この

章で学んできたことです。

何はともあれ、これだけは覚えておいてください。

- テストの大部分をピラミッドのユニットテストのレベルで行う。
- 統合テストのレベルでは、なるべく多くの接続のテストを行い、ユニットテストで捉えきれない溝を埋める。
- UIテストは限定的に使う。UIテストで詳細を見ることにコストをかけるべきではない。

これで本書の第I部はおしまいです。おめでとうございます！　自動テストについて、かなり詳しくなりましたね。

次のステップは、自動テストのプロになることです。そのためには、コードの書き方についての基本的な原則を理解し、これから書いていく自動テストをどのように整理していくかについての考え方を学んでいきます。

まず、一息つきましょう。目を閉じて、美しい自動テストのコードを書いている自分を想像してみてください。それから、ページをめくってプログラミングの世界に飛び込みましょう。

第II部
ピラミッドを探検する

　第II部では、基本的な部分をより詳しく解説し、ピラミッドの各階層でのテストをより効果的にするためのさまざまなテクニックを紹介します。このパートでは、正しいプログラミングの基礎、テストを分類／整理するための戦略、そして美しいユニットテストを構築するための、上級者用のトピックについても学んでいきます。

9章
プログラミング初級講座

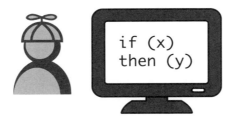

　自動テストを担当することになった人が、誰でもプログラミングのエキスパートになれるとは限りません。ただ幸いなことに、必ずしもエキスパートになる必要はないのです。この章では、プログラミングそのものに加えて、プログラマーが良いコードを書くために普段から使っている思考パターンを短期集中で学んでいきます。

　テスターのみなさんは、これから多くの自動テストのコードを書いていくことになるでしょう。そんなみなさんにとって、この章はプログラミングの構造やコードに対する考え方の基本を学ぶのに役立ちます。

　開発者のみなさんにとって、この章では特に目新しいことはないかもしれません。あるとすれば、いつもの技術をあらためて振り返ることで、自分たちのしていることを他人に説明しやすくなることです。それはきっと、他の人を指導するときに役に立つはずです。

　ここでのゴールは、エイダ・ラブレスやグレース・ホッパーのようなスーパープログラマーになることではありません（そのつもりなら、自力で頑張る選択肢もあります）。この章では、良いプログラミングの基礎を学び、読みやすく保守しやすいテストの書き方を身に着けることを目標とします。

最初のプログラマーたち

　エイダ・ラブレス伯爵夫人は、一般的には最初のコンピュータプログラマーとして知られているイギリスの数学者です。最初のプログラマーという功績だけでも十分にインパクトがありますが、さらに素晴らしいことに、コンピュータが実在していなかった1832年の時点で、彼女は今日、私たちが使っている概念の多くを取り入れていたのです。

　同じようにインパクトがあるのは、アメリカのグレース・M・ホッパー准将の功績です。彼女は、実際に製造された初めての計算機であるHarvard Mark Iの最初のプログラマーの一人でした。グレースはMark Iのプログラミングで活躍しただけではなく、世界初のコンパイラを共同開発し、さらにプログラミング言語のCOBOLを開発しました。

　私たちが、今日あたり前のように使っている技術の多くは、この優れた女性たちによってもたらされました。プログラミングの基礎を学ぶことによって、読者のみなさんもこういった先駆者たちの足跡をたどり、プログラマーの仲間入りができることでしょう。

9.1　プログラミングの構造

　多くの人は気づいていませんが、コーディングは、文章を書く作業にとても似ています。私たちは文章を書くとき、自分の考えていることを表現するために、さまざまな言葉やフレーズを使います。プログラミングでも同じことです。単語や文の代わりに、変数やメソッドやクラスといったものを使うだけです。

　次の文を例にして考えてみましょう。

5匹の犬がいます。

　この文をコンピュータが理解できるように書き直すとしたらどうすれば良いでしょうか？Javaで書くとしたら、おそらく次のようになります。

int numberOfDogs = 5;

これは、**変数**と呼ばれるものです。変数は、ソフトウェアの中でデータとして扱いたい何らかの対象を抽象化したものです。プログラムを書くときには、あらゆる所で変数が使われます。

たとえばテストしたいWebページを変数として定義したいとき、Rubyでは次のように書きます。

変数は情報を格納する

変数は3つのパートで構成されています。**型**は変数がどんな種類のものであるかを示します。たとえばintやfloatのような数値は、足したり引いたりすることのできる型です。一方String（文字列）は足し算はできませんが、単語や文字列を保持することができます。

変数の**名前**は、プログラムの中でその変数を参照するときに使うものです。名前は変数の表すものが何だったか、どういう役割を持っているかを連想させるものなので、とても重要です。変数の名前に関しては、後ほどまた詳しく説明します。

最後に**値**は、変数に格納されるデータのことです。数値を表す変数であれば、値は「5」のような数値になります。文字列型の場合は、「Hello」のようなテキストになります。

プログラミング言語によって、変数の定義のしかたは異なります。たとえばJavaでは変数の型を明らかにして書き下し、行の最後にはセミコロンを付けるというルールがあります。

一方、Rubyは型の宣言を必要としません。暗黙のうちに変数の型が推論されるようになっています。また、Javaでは必須だった行末のセミコロンは、Rubyでは不要です。

変数を使うと、一度定義したものをメソッドの中で何度も使いまわすことができるので便利です。

変数を操作してメソッドを動かす

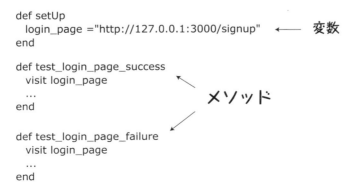

メソッドはプログラムで実現したい内容を記述するところです。メソッド＝操作と考えてください。システムへのログイン処理を行う、税金の申告額を計算する、ゲームのハイスコアを表示する。これらのものは、すべてメソッドとも言えます。

意味のあるメソッドと、変数のセットを定義したら、今度はそれらをまとめて**クラス**の中に配置します。

変数とメソッドをクラスの中にまとめる

クラスは、関連した性質を持つデータと操作をまとめたものと考えましょう。たとえば電卓のプログラムを作っているとしたら、`Calculator`というクラスの中に、変数と数値計算の操作を一緒に入れるようにします。もしくはカードゲームのディーラーをプログラムしたければ、`Dealer`クラスを作ってカードのデータやカードをシャッフルする操作を定義します。

このようなプログラミングの手法は、本書のこれまでの例でも一貫して使ってきましたが、これをオブジェクト指向プログラミングと呼びます。オブジェクト指向プログラミングは、今やすっかり一般的なものです。広がり始めたのは80年代からですが、今日のほとんどのモダンなプログラミング言語で採用されています。

今ここで、詳細を説明する余裕はありませんが、オブジェクト指向プログラミング（OOPなどと省略することもあります）の基本的な考え方は、まさにこれまで述べてきたような、データと操作をクラスという単位にグルーピングして、クラスに対応する**オブジェクト**と呼ばれるものを生成して利用するというなのです。オブジェクト指向という名前はここから来ています。

ここでは、オブジェクト指向の話は軽く済ませ、今はとりあえず変数、メソッド、クラスを組み合わせることがプログラミングである、ということを理解しておきましょう。これまで見てきたテストコードもそうなっています。このことの本質に、触れた気持ちにならなくても大丈夫です。実際に自分でコードを入力していけば、この3つがどのように作用するのかを、理解できます。そしてそのうち習慣として身についてしまえば、意識しなくても使いこなせるよ

うになるものです。

では、次はコーディングスタイルについての話をしましょう。

9.2 コーディングスタイルの重要性

```
def process(command)
  if command = "s"
    print "You've killed the Wumpus!"
  else if command = "r"
    print "Sir Robin bravely runs away."
end
```

文章を書くときと同じように、コードを書くときにも、その書き方によってプログラムの明瞭さが大きく変わってきます。プログラムを実行するのはコンピュータですが、既存のプログラムを読んで保守していくのは、あなたや私のような人間です。だから、コーディングのスタイルが重要なのです。コードが明瞭であればあるほど、そのコードは変更を入れやすく、サポートもしやすいものになります。そしてバグも少なくなるでしょう。

良いコーディングスタイルを身につけるために、プログラマーがコードの品質を上げるべく常に気にしている3つのポイントを解説していきます。その3つとは、適切な命名、スペースの入れ方、そして重複の排除です。

9.3 適切な命名

プログラムを書く上で、名前はきわめて重要です。適切な命名がされていると、プログラムを理解する作業はいとも簡単なものになります。しかし命名が良くないと、たとえ自分自身が書いたコードであっても、読み解くことが悪夢のような作業になります。

次の小さなメソッドを見てみましょう。このメソッドを保守しなければならない担当者には、心から同情するはずです。メソッドの作成者がこれを書いたときの意図は、このコードからはまったくわかりません。

全然わからない！

```
if (val(b))
  redirect :wlcm_pg
else
  redirect :lgn_pg
end
```

しかし、少し言葉遣いを変えた変数名に入れ替えてみると——どうでしょう。ぐんと意図がわかりやすくなりました。

なるほどなるほど……

```
if valid(password)
  redirect :welcome_page
else
  redirect :login_page
end
```

適切な命名に関しする具体的なアドバイスは、とても困難です。何が良い名前になるのかのポイントは、文脈に依るところが大きく、あるプロジェクトでは完璧と思える単語が、別のプロジェクトでは混乱を招き負担になる可能性があるからです。

命名規則：流れに身を任せる

どのプログラミング言語にも、その言語を使う開発者のための命名規則があります。たとえばJavaの場合は、キャメルケースと呼ばれる規約があります。これは、複数の単語を連結するときに、単語の切れ目で大文字／小文字を切り替えるというものです。

```
int highScore = 1000;
String firstName = "Steve";
float myBankAccountAfterComingBackFromVacation = 0.0;
```

Rubyもクラスの定義にキャメルケースを使いますが、変数やメソッドに名前をつけるときには、単語と単語の間にアンダースコアを入れるという規則に変わります。

```
int max_number_of_songs_in_playlist = 1000
float currenct_exchange_rate = 2.4;
int average_age_of_hockey_player_in_nhl = 27
```

どんな言語で自動テストのコードを書くことになったとしても、その言語特有のコーディン

グ規則に従って身を任せるのが、おそらく最良の選択です。そうすればあなたのテストコードは読みやすくなり、後からコードを追う人にとっても混乱しにくいものになります。

名前を決める際の一般的なガイドラインとしては、次のようなことに気をつければ良いでしょう。

良い命名のポイント	良い例	悪い例
内容がわかりやすい	salary	s
意図が明確である	brand_color	red
説明的である	seconds_per_minute	60
長すぎない	nasa	nasa_aeronautics_space_administration
記述が具体的である	workDays	days
二重否定を避けている	isValid	isNotValid

ポイントとは、結局のところ、小説家が優れた短編小説で単語や段落を扱うことと同じように、コードを扱うことです。伝えたいことを明確にし、プログラムを読みやすくし、プログラムの中でやろうとしていることを、他の人がすぐに理解できるようにすることです。

コーディングスタイルをきれいに保つための2つ目の要素は、スペースの入れ方です。

9.4 スペースの入れ方

スペースの入れ方がそんなに重要なのかって？ はい、その通りです。ピンとこないかもしれませんが、スペースやインデント（字下げ）の入れ方によって、コードの読みやすさは大きく変わります。普通の本を読むのと同じく、コードを理解するためには、スペースやインデントが適切に入れられていないと困難になります。

スペースの入れ方が問題になるのは、読みやすさのためだけではありません。Pythonや初期のFortranなどいくつかの言語では、スペースはとても重要な意味を持っており、正しくスペースを入れないとプログラムを実行することさえできないのです。

プログラムを理解しやすくする別の工夫として、関連するコードをひとまとめにしておくやり方もあります。

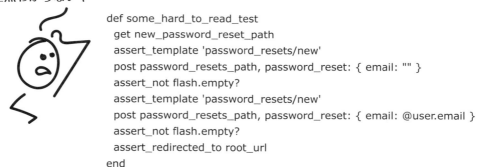

関連するコードをグループ化して**ホワイトスペース**（コードの段落と段落の間にある空行）[*]を入れてやることで、ごちゃまぜになっていて巨大なコードが一気にわかりやすいものになります。こうすればコードを読むときにいちいち考え込む必要がなくなり、さっと眺めただけで何が書かれているのかをすぐに把握できるようになります。

---

[*] 訳注：原書では空行のことを「ホワイトスペース」と呼んでいます。一般的には空行だけでなく、単語間や文頭／行末に入れる普通のスペース文字や、タブ文字も、ホワイトスペースに含まれます。

```
def a_nicely_spaced_test

    # Go to page
    get new_password_reset_path
    assert_template 'password_resets/new'

    # Try invalid email
    post password_resets_path, password_reset: { email: "" }
    assert_not flash.empty?
    assert_template 'password_resets/new'

    # Try valid email
    post password_resets_path, password_reset: { email: @user.email }
    assert_not flash.empty?
    assert_redirected_to root_url

end
```

← ホワイトスペース

← コメントを入れるのも有効

OKわかった！

コメントについてはどう考えればいいの？
コメントフリーなコードを書くようにしなさいって教わったんだけど……
どういう意味なのかしら？

　コメントフリーなコードとは、主に開発者が使う言葉で、コメントが必要ないくらい明確で理解しやすいコードを書くべきであることを、常に意識するためのものです。コードだけでも意味が通るようにすべきなのですね。

　コメントフリーは良い目標です。コードの中で意図を明確にするために、ちょっとしたコメントを書いておくことは、まったく悪いことではありません。

　コメントで避けたいのは、冗長になることです。コードが十分明確に処理の内容を示していれば、追加のコメントは必要ありません。しかし、もしコードの中にほんのちょっとでも、小ワザや、隠された意図、もしくは動作が直感的でない部分がある場合は、適度なコメントがあると、とても役立ち他の人に喜ばれます。

それでは次に、ソフトウェアに巣食う諸悪の根源、「重複」について見ていきましょう。

9.5　重複との戦い

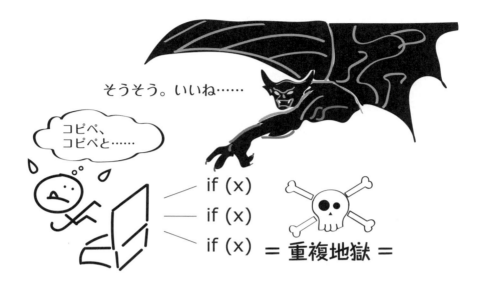

コードのコピー・アンド・ペーストは、ソフトウェア開発における諸刃の剣です。動く成果物を素早く得られるという利点がある一方、コードは脆弱で変更しづらいものになります。

問題を理解するために、次のテストコードを見てみましょう。テストでよくあるパターンは、まず最初のテストを動くようにし、そして他のテストケースにも同じコードをコピーしていくというやり方です。結果としてコードは次のようになります。

```
test 'can access welcome page' do
  @user = users(:user1)
  get login_path
  post login_path, session: { email: 'user@test.com', password: 'password' }
  follow_redirect!
  assert_select 'h1', 'Welcome'
end

test 'can access company financials' do
  @user = users(:user1)
  get login_path
  post login_path, session: { email: 'user@test.com', password: 'password' }
  follow_redirect!
  get financials_path
  assert_select 'h1', 'Financials'
end

test 'can access plans for world domination' do
  @user = users(:user1)
```

```
    get login_path
    post login_path, session: { email: 'user@test.com', password: 'password' }
    follow_redirect!
    get world_domination_path
    assert_select 'h1', 'Step1: Take Saskatchewan'
  end
```

ここでコピー・アンド・ペーストを行う利点は、シンプルな手順で素早くテストが作れることです。テストが動いているかどうかのフィードバックもすぐに得ることができます。問題なさそうですね。

しかしここでコーディングを終えてしまうと、もしテスト方法を変えることになった場合（ログイン用のパスワードが新しくなった場合など）は、1ヵ所ではなく3ヵ所の変更が必要になります。

このコードをもう少しきれいにするには、メソッド間で共通しているコードを、すべて1つのsetupメソッドに括り出して、各テストの先頭で実行すれば良いでしょう。共通部分を括り出した後のコードは次のようになります。

```
  def setup
    @user = users(:user1)
    get login_path
    post login_path, session: { email: 'user@test.com', password: 'password' }
    follow_redirect!
  end

  test 'can access welcome page' do
    assert_select 'h1', 'Welcome'
  end

  test 'can access company financials' do
    assert_select 'h1', 'Financials'
  end

  test 'can access plans for world domination' do
    get world_domination_path
    assert_select 'h1', 'Step1: Take Saskatchewan'
  end
```

こちらの方がずっと整理されており、シンプルで読みやすくなっていますね。各メソッドから明示的にsetupメソッドが呼ばれていないのは、setupがテスト用の特別なメソッドであり、テスティングフレームワークの方で自動的に各メソッドの直前に呼び出すようサポートされているためです。ですからこの場合は自分でコードに明示して呼び出す必要はありません。

ここで行ったのは小さいことですが、重複を取り除く重要な作業です。開発者であれば、**リファクタリング**と呼ぶ作業に相当します。リファクタリングとは、平たく言えばコードを見直してきれいに整理するだけのことです。変数名を変えたり、より良いメソッド名を選んだりすることも、リファクタリングの作業に含まれます。一般的には、重複を排除して、コードを読みやすくすることが重要視されています。

テストコードを書いている間、こういった作業は常に発生します。何かしらの重複を見つけたら、共通部分を括り出して、重複を除去します。この作業によってテストが読みやすくなるだけでなく、変更を入れたり、他の担当者が理解したりするのも容易になります。

継続的なリファクタリングで重複を除去する

　リファクタリングは、実現している機能を変更することなくコードの設計を改善する行為です。コードを書いているのに何も機能を追加しないことは、妙に思えるかもしれませんが、リファクタリングはプログラミングのプロセスの中でも重要な位置を占めています。

　私たちがプロダクションコードなりテストコードなりを書いているときの状態は、2つに分かれます。1つはテストやコードを動かそうとしている状態です。そしてもう1つの、しばしば飛ばされてしまうステップは、一度立ち返ってすべてのコードができるだけクリーンになっていること、そしてなるべくシンプルで読みやすいものになっていることを確認することです。

　これがまさにリファクタリングなのです。リファクタリングは、コードが時間を経て劣化し、自らの重みで崩れていくのを防ぎ、継続的に改善することで問題なく使い続けられるようにする、欠かすことのできない作業です。

　リファクタリングについてさらに調べて、ソフトウェアの品質を改善する他の方法についても知りたい場合は、Martin Fowlerの『リファクタリング 既存のコードを安全に改善する』[FBBO99] を読むと良いでしょう。

　さあ、ここまでは良いコードを書くための基本テクニックを紹介してきました。さっそく学んだテクニックを試してみて、実践ではどうなるのかを見てみましょう。

9.6　ルールに従ってやってみよう

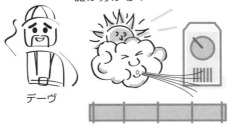

このメーター解析のプログラムって一体何をやっているんだろう？
誰か分かる？

デーヴ

```
case meter.type
  when 'gas'
  when 'wind'
  when 'solar'
    report << "Type: Solar\n"
end
```

?

9.6 ルールに従ってやってみよう | 159

デーヴと部下たちはピンチに陥っています。彼らが手にしているコードとテストは、さまざまなメーターの種類ごとに簡単なレポートを出力する機能のためのものでした。しかしこの機能の大部分を開発したエンジニアが異動してしまっていたため、誰もこのコードを解析することができなくなってしまったのです。

デーヴはあなたを頼りにしていて、コードをちょっと見て、何か改善できるところがないか確認してほしいと頼んできました。

これが問題となっているメーターの値を出力する機能のクラスです。

```ruby
class MeterPrinter

  def print(m)
r = StringIO.new
            case m.type
when 'gas'
  r << "Meter Report\n"
  r << "Type: Gas\n"
  r << "Construction Co. Ltd.\n"
  when 'wind'
     r << "Meter Report\n"
     r << "Type: Wind\n"
     r << "Construction Co. Ltd.\n"
    when 'solar'
       r << "Meter Report\n"
       r << "Type: Solar\n"
       r << "Construction Co. Ltd.\n"
    end
return r.string
  end

end
```

そしてこちらが対応するテストコードです。

```ruby
require 'test_helper'

class MeterPrinterTest < MiniTest::Test

  def setup
  end

  def test_print_gas

    header = "Meter Report\n"
    footer = "Construction Co. Ltd.\n"

    gas_meter = Meter.new('gas')
    meter_printer = MeterPrinter.new
    report = meter_printer.print(gas_meter)

    expected = header + "Type: Gas\n" + footer
    assert_equal(expected, report)

  end
```

```ruby
def test_print_wind

  header = "Meter Report\n"
  footer = "Construction Co. Ltd.\n"

  wind_meter = Meter.new('wind')
  meter_printer = MeterPrinter.new
  report = meter_printer.print(wind_meter)

  expected = header + "Type: Wind\n" + footer
  assert_equal(expected, report)

end

def test_print_solar

  header = "Meter Report\n"
  footer = "Construction Co. Ltd.\n"

  solar_meter = Meter.new('solar')
  meter_printer = MeterPrinter.new
  report = meter_printer.print(solar_meter)

  expected = header + "Type: Solar\n" + footer
  assert_equal(expected, report)

end

end
```

テスト本体には、最小限の読みやすさが確保されていますが、テスト対象のクラスの方は少し切り出して整理する必要がありそうです。ではそちらから始めましょう。

9.7　ステップ1：スペースの入れ方を修正する

さっとコードを眺めたところ、テストコードには妥当な所にスペースが入っていますが、テスト対象のクラスの方は、若干混乱しているようです。行の開始位置が整っておらず、メソッドの流れがつかめません。このクラスで何をやっているのかを解明するのには、かなり頭を使う必要があります。

正しくインデントを入れ、さらに適切な位置に空行を挿入してみると、どのように見えるでしょうか。

```ruby
class MeterPrinter

  def print(m)

    r = StringIO.new

    case m.type
      when 'gas'
        r << "Meter Report\n"
        r << "Type: Gas\n"
```

```
          r << "Construction Co. Ltd.\n"
        when 'wind'
          r << "Meter Report\n"
          r << "Type: Wind\n"
          r << "Construction Co. Ltd.\n"
        when 'solar'
          r << "Meter Report\n"
          r << "Type: Solar\n"
          r << "Construction Co. Ltd.\n"
      end

      return r.string

    end

  end
```

だいぶ良くなりました。最低限のメソッドの流れが見えて、何が行われているのかがわかります。次は、いくつかの変数の名前を改善できないか考えてみましょう。

9.8　ステップ2：良い名前を選ぶ

`MeterPrinter`クラスのコードをあらためて見てみると、このコードが読みづらいのは、変数名が短すぎるせいであることがわかります。メーターの値を表す変数はm、レポートはrといった具合です。

```
def print(m) # m = meter
r << "Type: Gas\n" # r = report
```

変数名が短いこと自体が悪いわけではありません。ただし、それによってコードの意図が隠蔽されていたり、コードが読みにくいと感じるなら、それは変数名を変えるべきサインです。

変数名を省略して1文字にするのをやめて、その変数が指しているものを表す単語全体を使うようにしましょう。変数名を少し変えると、コードは次のようになります。

```
class MeterPrinter

  def print(meter)

    report = StringIO.new

    case meter.type
      when 'gas'
        report << "Meter Report\n"
        report << "Type: Gas\n"
        report << "Construction Co. Ltd.\n"
      when 'wind'
        report << "Meter Report\n"
        report << "Type: Wind\n"
        report << "Construction Co. Ltd.\n"
      when 'solar'
        report << "Meter Report\n"
        report << "Type: Solar\n"
```

```
        report << "Construction Co. Ltd.\n"
      end
      return report.string
   end
 end
```

こちらの方が良いですね。だんだんと改善されてきています。このメソッドで何が行われるのかが明確になり、オブジェクトの命名もわかりやすくなりました。デーヴの言ったとおり、このメソッドは単にメーターを表すオブジェクトを引数に取り、その種類に応じたテキストをレポートとして返しているだけのものでした。

続いて、重複に注目することで、このコードをさらに整理できないか見ていきます。同じく、MeterPrinterクラスから始めましょう。

9.9　ステップ3：プロダクションコードの重複に対処する

ここであらためてMeterPrinterクラスを見返してみましょう。どんな重複があるでしょうか？　ペンを取って、リファクタリングしたほうが良いと思われる所を丸で囲ってみてください。さらにその重複をどのように取り除くか、この後で解説する内容をあてることができれば、満点です。

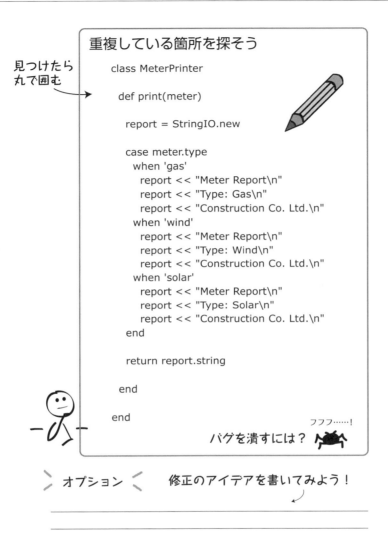

コードをじっくり見渡すと、いくつかの怪しい部分を発見することができます。
　ヘッダの Meter Report とフッタの Construction Co. Ltd. というテキストは、メーターの種別によらずすべての分岐で記述されています。明らかなコピー・アンド・ペーストです。問題は、これをどう処理するかです。

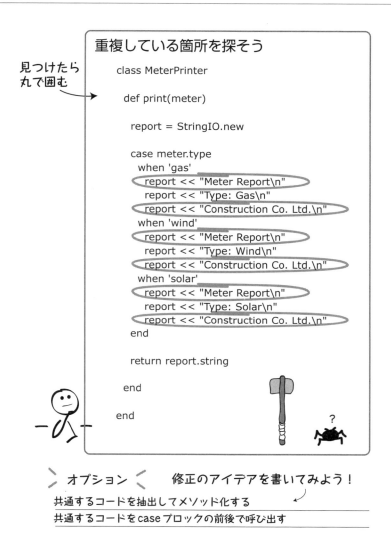

　重複しているコードを共通メソッドに括り出して、どこか別の場所に配置する方法を最初に思いついたとすれば、なかなか筋が良いと言えます。こういったメソッド内での重複に直面した場合、通常はこの方法をとります。単純に共通部分を取り出し、それを必要な場所で呼び出す手法です。

　しかし、今回の場合はコード自体だけではなく、ヘッダ出力→本体出力→フッタ出力という、呼び出し方のパターンも重複しています。そんなときは、シンプルに`Meter Report`を出力するコードを`case`ブロックの前に、`Construction Co. Ltd.`を出力するコードを`case`ブロックの後に置くことで、うまくいきます。実際のコードは次のようになります。

　これでヘッダとフッタ出力のコードの重複はなくなり、コード全体としても少し読みやすくなりました。
　しかし、このメソッドには実はまだ重複が残っています。重複を除いてコードをきれいにしていく作業というのはそういうものとも言えます。最初に見つけた重複を取り除くと、別の重複が姿を現すのです。
　前述のコードを整理して、さらにもう少し重複を除去できそうか、挑戦してみてください。答えはこの章の終わりに用意していますので、お楽しみに。
　では、今度は同じ改善を、テストコードの方にも入れていきましょう。

9.10　ステップ4：テストコードの重複を取り除く

　テストコードを見渡すと、すぐに典型的なコピー・アンド・ペーストの跡が見つかります。ただ、ここで犯人探しをするのはやめましょう。このコードを書いた担当者が、当時どんなプレッシャーにさらされていたのか、今となってはわかりません。少なくともテストが存在していることは良いことです。

　さて、テストコードについてもプロダクションコードと同じように重複に丸をつけるところから始め、その後どのように修正するかを考えていきましょう。

すぐに見つかるのはこんなところでしょうか。

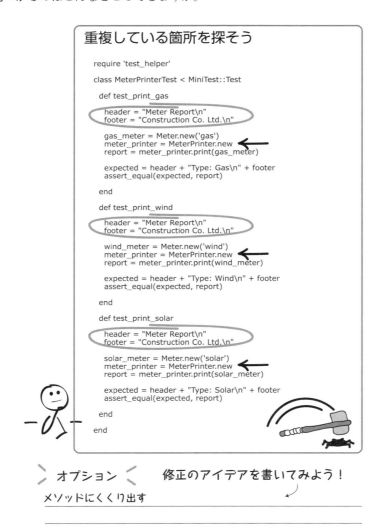

　ヘッダとフッタを表す変数が、テストメソッドごとに毎回宣言されており、これは不要だとわかります。また、`meter_printer`という変数も、同様に3回も定義し直されています。

　修正のためのいちばんシンプルな方法は、以前やったことと同じです。これらの変数を、テスティングフレームワークに組み込みの`setup`メソッドに括り出して、`setup`を使って各テストメソッドの実行前に変数を初期化し直すようにします。

　前にも説明したように、`setup`はテスティングフレームワークの特殊な機能であり、再利用

したいコードを埋め込むことができます。個別のテストメソッドからsetupを明示的に呼び出す必要はなく、テスティングフレームワークが自動的に処理してくれます。

この修正を入れると、テストコードは次のようになります。

素晴らしい！かなり改善されました。このコードなら、どこへ出しても恥ずかしくありませんし、最初のコードよりずっと読みやすくなっているので、将来の保守もしやすいでしょう。今後、このコードを読むことになる担当者は、あなたの努力に感謝するはずです。

スペースの入れ方、適切な命名、そして重複の排除。こうしたことは、コードを書くときに

常におさえておくべき作法です。そして面白いのは、この改善には終わりがないということです。コードを書いている限り、その内容をより適切に表現する方法をずっと探し続けることになります。最初から完璧なものを仕上げる必要はありません。そもそも完璧ということはありえないのですから。

ひたすらコードの質を改善し続けていると、繰り返すうちに良いコードが書けるようになります。そうすれば、他のエンジニアもあなたのコードが保守しやすく、読んでいて楽なコードだと感じてくれるでしょう。

おっと、忘れるところでした。最後にレビューアのMatteo Vaccariが提供してくれた、改良版のコードをお見せしましょう。彼はプロダクションコードに残っていたさらなる重複を指摘してくれました。MeterPrinterクラスは、さらに読みやすくなっています。

9.11　この章で学んだこと

お疲れさまでした！　この章では、良いコードを書いて保守しやすいテストを作っていくための、3つの武器を手に入れました。

- スペースの入れ方
- 適切な命名
- 重複の排除

　優れたコーディングスタイルの要素はすべて、コードを書くときに意識すべき同じゴールを共有しています。すなわち、明確であること、意図や目的が見えることです。

　プログラミングについて知るべきことはまだまだ山のようにあります。もしあなたがプログラミング初心者のテスターであれば、ぜひ多くのテストを書き、本を読んで学びましょう。そして、近くにいる開発者と仲良くなってください。彼らは喜んで、彼ら自身が良いコードを書くために使っている他の手法や技術について、進んで教えてくれるでしょう。

　では、ここで学んだプログラミングの基礎をふまえて、次は自動テストの保守に不可欠なもう1つの領域に注目していきましょう。それは、テストの分類と整理です。

10章
テストを整理する
〜混沌の中から法則を見つけ出す〜

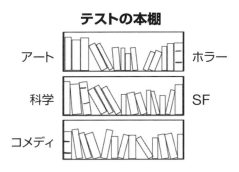

「テストを整理する」と言われても、あまり面白くない作業のように聞こえるかもしれません。しかし、必要に応じて新しいテストを見つけ、追加し、更新していく作業をシンプルかつ美しくすることは、日々の自動テスト業務を改善する上で、大きな役割を果たしています。

この章ではテスターと開発者の両方を対象とし、テストをシンプルに、かつ整理された状態に保つための、2つのテクニックを紹介します。そのテクニックとは、テストの分離、そしてコンテキストによってテストを分類する方法です。この2つを学ぶことで、変更箇所に対する既存のテストを素早く見つけ、簡単に新しいテストを追加できるようになります。そうすれば次のテストで何をすべきか迷うこともなくなるでしょう。

10.1 混乱する世界

気力が充実して絶好調なとき、既存のテストケースに対して、新しいテストをどんどん追加したいと思うのはよくあることです。

次の面積計算プログラムのテストを例にして、考えてみましょう。このプログラムはさまざまな幾何学図形に対して、面積を計算します。

```
class AreaTest < MiniTest::Test

  def setup
    @length = 3.0
    @width = 4.0
    @base = 5.0
    @height = 2.0
    @abase = 6.0
    @bbase = 7.0
  end

  def test_areas
    assert_equal(12, Rectangle.area(@length, @width))
    assert_equal(5, Triangle.area(@base, @height))
    assert_equal(13, Trapezoid.area(@abase, @bbase, @height))
  end

end
```

ふむふむ……

　このテストは一見素晴らしく見えます。小さく短いコードにまとまり、読みやすいものになっています。幾何学図形に関する他のテストを追加したかったら、ここに追加すれば良さそうです。

　しかし、元のテストに関連しているようでいて、実は関連していないテストを追加しようとすると、何が起きるでしょうか。たとえば、図形の外周の長さを計算する機能のテストを追加するとしたら？

　さあ、混乱してきました。まずテストコードのクラス名を`AreaAndPerimeterTest`のような長ったらしいものに変えなければなりません。また、どのテストがどのデータに対応しているのかも、すぐにはわからなくなっています。さらに、シンプルで簡単だったテストが、扱いにくい難解なものになってしまいました。このテストで何が行われるのかを理解しようとすると、頭を絞って考えなければなりません。だんだん最初の気力が失われてきました。

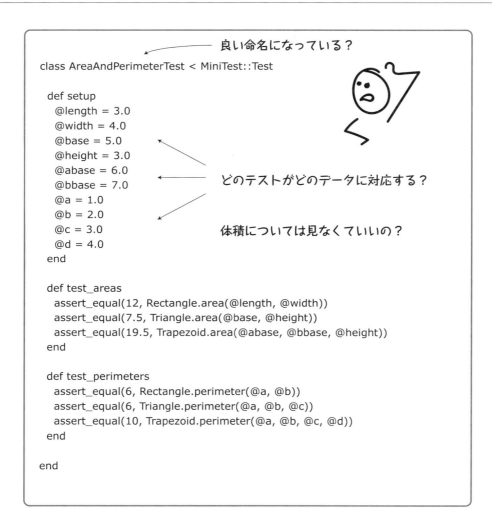

　この種の問題を防ぐためには、テストを整理するためのアイデアや指針が必要です。実現したいのは次のようなことです。

- 新しいテストを簡単に追加できること。
- 既存のテストをシンプルで理解しやすい状態に保つこと。
- テストを見返すたびに、内容の把握に頭を悩ませずにすむようにすること。

10.2　分離されたテストの美しさ

「テストを分離する」ということは、テストコードを書く際に1度にテストする内容を、1つ、もしくはひとまとまりの概念に限るという意味です。

たとえば先ほどの幾何学図形を扱うプログラムのテストを少し変えて、すべての図形を1度にテストするのではなく、長方形だけをテストするようにしたらどうなるでしょうか。

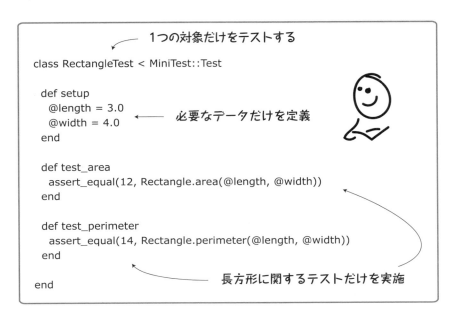

はるかに見やすくなりました。まず、長方形だけにフォーカスすることで、テストの名称が明確になりました。必要なデータだけを残したので、大量のデータのどれに注目すればよいかわからず、混乱することもなくなりました。そして出てきたテストはすべて長方形に関するもので、他のものは存在しません。

もちろんすべてのテストが、これほどシンプルにきちんと整理できるとは限りませんが、これは新しいテストを追加するにあたって有効な考え方です。すなわち、テストをシンプルに、明確に、的を絞ったものにする考え方です。

繰り返し既存のテストコードを見返したときに、一見して内容が理解できて、素早く変更を入れて次に進めるようにしたいものですね。

テストを分離するには、テストケースごとに
1つのアサーションだけを入れるのがいいって
聞いたんだけど、本当？

良い質問ですね。1ケースに1つのアサーションしか持たないテストは、読みやすく理解しやすいし、保守も簡単なのは確かです。ですが、それは必ずしも守らなければいけないルールではありません。

たとえば、筆者の親友でありBDD（振る舞い駆動開発）*の提唱者としても知られている、Dan Northの自動テストの書き方を見てみましょう。BDDでは最初に、テスト対象のコンテキストもしくはシナリオを記述し、その後テストごとに1つのアサーションが来るのが典型的なスタイルです。

```
class WhenSomethingHappens

  def setup
    # データやコンテキストを準備する
  end

  def then_foo
    # foo というケースの出力を検証する
  end

  def then_bar
    # bar というケースの出力を検証する
  end

end
```

新しいトランプのカードを作る機能をテストしたい場合、このBDDスタイルでコードを書くと次のようになります。

```
class WhenCreatingANewCard < MiniTest::Test

  def setup
    @card = Card.new(2, 'Hearts')
  end
```

---

* https://ja.wikipedia.org/wiki/ビヘイビア駆動開発

```
  def test_that_card_value_is
    assert_equal(2, @card.value)
  end

  def test_that_card_suit_is
    assert_equal('Hearts', @card.suit)
  end

end
```

これは良いテストコードのお手本と言えます(理由については次の節でももう少し説明します)。1つのテストでフォーカスする内容が明確ですし、名前も短くなっています。このスタイルでテストを書いていくと、小さいサイズで対象を絞ったテストを多く作成することができます。

しかし、同じテストを複数のアサーションを使ってもっと簡易に書くこともできますし、この書き方も悪くはありません。

```
class CardTest < MiniTest::Test
  def setup
    @card = Card.new(2, 'Hearts')
  end

  def test_new_card
    assert_equal(2, @card.value)
    assert_equal('Hearts', @card.suit)
  end

end
```

1つのテストにつき、1つのアサーションというのは目標としては妥当ですが、どうしても譲れないほどのものではありません。複数のアサーションが必要だと思えば、入れてかまわないのです。

それよりも重要なことは、1つのテストにつき、テストする内容は1つという考え方です。この考え方に沿っていれば、いずれにせよ各テストに多くのアサーションを詰め込むことはなくなりますし、テストコードも読みやすくきれいになります。

テストの分離を意図したテスティングフレームワーク

よくできたテスティングフレームワークでは、複数のテストを決まった順番では実行できない場合があります。実は、その設計は意図的なものです。

初期のテスティングフレームワーク開発者、たとえばJUnitを開発したKent Beckは、複数のテストが相互に作用してしまうときに、どれほど困ったことになるかを熟知していました。そこで彼は、きわめてポピュラーな最初のユニットテスト用フレームワークであるJUnitを設計

する際、各テストが他のテストにはまったく依存せず独立して成否を出すようにしました。つまり、各テストは分離されているということです。

彼のもう1つの工夫は、`setUp`と`tearDown`の概念を導入したことです。これは、個別のテストの直前に準備したいこと、および直後に後片付けとして実施したいことを、共通処理として記述する場所を用意するという考え方です。

ここで紹介したのは、テスティングフレームワークがテストの分離をサポートしてくれる手法のほんの一部です。ぜひともフレームワークの機能を活用して、きれいに分離されたテストコードを書くよう心がけてください。

では、この方針で続けてみましょう。下の図にあるのは、直方体の体積を求めるための公式です。この計算のために必要な情報が1つ増えていることに注意してください。それは、高さを表す変数hです。

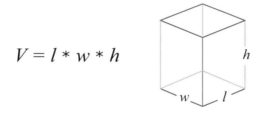

これから、これまで作ってきた`Rectangle`クラスのテストに体積の計算に関するテストを追加していきます。問題は、高さを表す変数をどこで設定するかです。

これは少し難しい問題です。テストで使うデータがすべてテストの先頭、つまり`setUp`のような場所にまとめられているのが望ましいように思えます。

```
def setup
  @length = 3.0
  @width = 4.0
  @height = 5.0
end
```

一方、データはそれを使うテストと近いところに配置しておきたいという考え方もあります。面積と外周の計算には、高さは必要ないため、高さは次のコードのように、体積の計算をしている箇所で定義しても良いでしょう。

```
def test_volume
  @height = 5.0
  assert_equal(60, RectangleCalculator.volume(@length, @width, @height))
end
```

これらの迷いは、一種のトレードオフの問題です。データをどこに置くかについては、テス

トを書きながら、常に状況を見て決めていかなければならないことです。ただここにも、良い経験則があります。

 データは可能な限り、そのデータを使っているテストに近いところにまとめる。

今回の場合、筆者なら、変数@heightを test_volume というテストの中に配置します。もし他のテストでも使われるようになったら、そのとき setup の中へ移動させますが、必要になるまで移動はしないでしょう。

テストの分離についてどう思いましたか？ それでは、今度はテストをコンテキストによって分類することの効果を見ていきましょう。

10.3　コンテキストを明確にする

テストを分類する際の出発点として、あなたにとっても、プロジェクトにとっても、理解しやすい自然な分類方法があります。

たとえば、UIテストを分類するには画面ごとに分けるのが良いでしょう。統合テストであれば、サービスやエンドポイントごとに分けるのが自然です。そしてユニットテストに対しては、対象のクラスとテストを、1対1にマッピングするのが一般的な規約です。

とは言え、テストの並び替えや組み合わせを何度も繰り返しているうちに、全体を整理するための他の方法が必要になってくることもあります。

例として次のログイン画面のテストを見てみましょう。これはデーヴの LoginPage に対して書かれたテストコードです。

```
class LoginPageTest < MiniTest::Test      ちょっと長すぎるのでは……

  def test_authentication_with_valid_credentials_should_have_signout_link
  end

  def test_authentication_with_valid_credentials_should_not_have_error_message
  end

  def test_authentication_with_valid_credentials_should_have_correct_title
  end

  def test_authentication_with_invalid_credentials_should_have_signin_link
  end

  def test_authentication_with_invalid_credentials_should_have_error_message
  end

end
```

もっと読みやすくするには
どうしたらいい？

　このテスト自体はよくできています。各テストは適切に分離され、読みやすくなっています。しかし、条件と期待値の組み合わせを、もっと増やそうとすればするほど、内容を把握するのが難しくなっていきます。
　ここで少し立ち止まって、これがあなた自身の書いたコードだとして考えてみてください。このテストを整理して可読性を向上するために、どんなことができるでしょうか？

このテストをもっときれいに整理するための
3つの方法を考えてみよう：

1. _____

2. _____

3. _____

　まず最初に考えられるのは、シンプルに関連するテストを一箇所にまとめるというやり方です。

似ているものをまとめる

```
class LoginPageTest

  # 有効な認証情報のテスト

  def test_authentication_with_valid_credentials_should_have_signout_link
  end

  def test_authentication_with_valid_credentials_should_have_correct_title
  end

  def test_authentication_with_valid_credentials_should_not_have_error_message
  end

  # 無効な認証情報のテスト

  def test_authentication_with_invalid_credentials_should_have_signin_link
  end

  def test_authentication_with_invalid_credentials_should_have_error_message
  end

end
```

　類似性に注目してテストを分類すると、テストの顔ぶれと実施している内容を把握するのに必要な、精神的負荷が激減します。さらに、もっと分類の意図をわかりやすくするために少しコメントを残して、グループが分かれていることを目立たせておくのも良いでしょう。
　他にも、何か工夫できるところは見つかりましたか？
　では、今度は各テストの名前に注目してみましょう。すると、authentication（認証）という単語が何度も繰り返し登場していることがわかります。ここに列挙されているテストは、すべて認証に関するものであることをはっきりさせるために、入れておいたほうが安全だろうと考えたからかもしれません。
　では、その意図をより明確にするために、authenticationという単語をテストクラス自体の名前に含めてしまってはどうでしょうか。変更後のコードは次のようになります。

コンテキストを明示的にする

```
class Login Authentication PageTest
  # 有効な認証情報を入力した場合

  def valid_credentials_should_have_signout_link
  end

  def valid_credentials_should_have_correct_title
  end

  def valid_credentials_should_not_have_error_message
  end

  # 無効な認証情報を入力した場合

  def invalid_credentials_should_have_signin_link
  end

  def invalid_credentials_should_have_error_message
  end
end
```

(「Authentication」の部分が丸で囲まれている)

　ここで行っているのは、テストのコンテキストを明示的にする作業です。このようにテストクラスの名前で明確にしておけば、このテストを見た人はすべてのテストケースが`LoginPageAuthentication`（ログイン画面の認証）に関するものだということ、そして同様の認証に関するテストを追加したい場合には、このクラスに追加すれば良いことを、すぐに理解できます。

　テストをコンテキストによって分類し、そのコンテキストを明示的にしておく。この2つのシンプルな作業で、テストを整理しやすく、読みやすいものにできます。

　RSpecなどのテスティングフレームワークでは、テスト自体の中にコンテキストを埋め込む形でこの考え方をサポートしています。

コンテキストを埋め込む

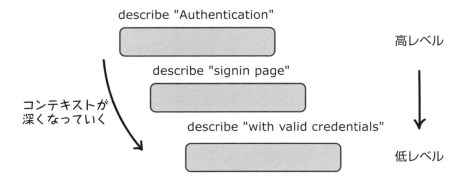

これをRSpecでは、どう記述したら良いのでしょうか？次のようなテストの書き方ができます。

```
describe "Authentication" do
    describe "signin page" do
        describe "with valid credentials" do
        describe "with invalid credentials" do
```

このように段階的にコンテキストを埋め込んでテストを記述するのは、便利なやり方です。テストしたいシナリオだけを`describe`を使って定義しておいて、後で必要になったときにテストコードの中身を書き下すことができます。

すでに定義済みの`Authentication`コンテキストによる分類を活用して、別の画面の認証に関するテストも簡単に追加することができます。

```
describe "Authentication" do
  describe "signin page" do
      describe "with valid credentials" do
      describe "with invalid credentials" do

  describe "new super secret page" do
      describe "with valid credentials" do
      describe "with invalid credentials" do
```

このテストの内容を読み下すには、`describe`キーワードで囲まれた部分を次のようにして、すべて1つの文にまとめます。

```
describe "Authentication signin page with valid credentials"
describe "Authentication signin page with invalid credentials"
describe "Authentication super secret page with valid credentials"
describe "Authentication super secret page with invalid credentials"
```

テストを整理しておくと、テストが読みやすくなるだけでなく、次のような効果もあります。

- バグの起きている箇所を特定しやすくなる。
- テストのパターンを見つけやすくなる。
- 漏れているテストケースを見つけやすくなる。

内容を記述して、実行可能になったRSpecのテストケースを仕上げると、最終的なコードは次のようになります。

```ruby
require 'spec_helper'

describe "Authentication" do

  subject { page }

  describe "signin page" do
    before { visit signin_path }

    it { should have_content('Sign in') }
    it { should have_title('Sign in') }
  end

  describe "signin" do
    before { visit signin_path }

    describe "with valid information" do
      let(:user) { FactoryGirl.create(:user) }

      before do
        fill_in "Email",    with: user.email.upcase
        fill_in "Password", with: user.password
        click_button "Sign in"
      end

      it { should have_title(user.name) }
      it { should have_link('Sign out',    href: signout_path) }
      it { should_not have_link('Sign in', href: signin_path) }

      describe "followed by signout" do
        before { click_link "Sign out" }
        it { should have_link('Sign in') }
      end
    end

    describe "with invalid information" do
      before { click_button "Sign in" }

      it { should have_title('Sign in') }
      it { should have_error_message('Invalid') }

      describe "after visiting another page" do
        before { click_link "Home" }
        it { should_not have_selector('div.alert.alert-error') }
      end
    end

  end
end
```

最初から、ここまできれいにテストを整理しておく必要はありません。最初はシンプルに、テストのまとまりごとにファイルを分けておけば十分です。複雑なことに挑戦する必要はありません。

ただし、常に「選択肢」を意識するようにしてください。テストスイートが大きくなるにつれ、それまで以上にテストを分類して整理する方法も見えてくるはずです。数多くの実験し、挑戦を重ねましょう。そして、今の分類はやりやすい、もしくはやりにくいと感じたら、その直感を大切にしてください。

また、もしRSpecを使っていなかったとしても、気にする必要はありません。どのツールを使っているかはそれほど重要ではなく、大切なのは考え方です。フォルダ名やファイル名を使ってテストを整理するなど、シンプルな方法でなんとかすることもできます。

自動テストの負の遺産

かつて筆者のいたチームでは、テストをきちんと分離していなかったせいで、手痛い目に遭いました。チームのメンバーはFITという自動テスト用のフレームワークを使っていました。FITには、Excelのスプレッドシートからデータを読み込んで、テスト対象のシステムに数値を入力するという便利な機能がありました。

ここでツール自体を否定する意図はまったくありませんが、FITのように表形式でデータを定義するツールの課題の1つには次のようなことが挙げられます。データを追加するのが容易なため、データをどう分類したり、分離したりするかを考えなくても、どんどん追加できてしまうのです。

そのような運用を数ヶ月も続けていくと、チームは困ったことになりました。FITで作成したテストをシステムに導入してからは、重要な財務計算のバグが発見されており、テストは価値のあるものだったのです。しかし、テストの保守は、悪夢のような作業でした。テスターたちは、どのデータがどのテストで使われているのかを解明したり、システムに対するほんの少しの変更で、テストとデータが壊れないようにするのに膨大な時間を費やすようになりました。

簡単に、多くのデータとテストを生成できるツールやフレームワークには、注意が必要です。それらの機能が素晴らしく見えることもありますが、多くの場合、それは必要のないものです。代わりにシンプルで、明確で、的を絞ったテストケースを、きちんとテストしたいシナリオに対して作成しましょう。そして、不要な大量のデータは削除しましょう。

そうすれば、テストはずっと美しくなり、各テストにおける関心事は明確になります。また、壊れにくく理解しやすいコードにもなります。

```
Tests/LoginPage/Authentication/ValidCredentialsTest.rb
Tests/LoginPage/Authentication/InvalidCredentialsTest.rb
```

 コンテキストごとに関連するテストをまとめて、テストを読みやすく保守しやすいものにしよう。

では、実際にテストを整理する例を通して、これまで見てきたテクニックを実践してみましょう。

10.4　ハッカーに注意

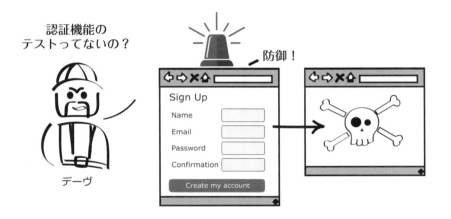

困ったことになりました。ハッカーがWebサイトへのアクセスを試みており、デーヴから急いで認証機能のテストを追加するように言われています。幸運なことに、テスト自体はすでに書き上がっています。問題は、そのテストをどこに追加すればいいのかわからないということです。

既存の各画面のテストに認証機能のテストケースを追加すべきでしょうか？ それとも、新しく認証機能だけに特化した、新しいテスト用のファイルを作成すべきでしょうか。

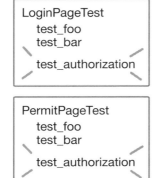
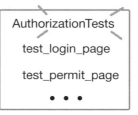

　こういう場合、多くの人が直観的に選ぶ選択肢は、a)の「新しいテストケースを既存のテストに追加する」です。
　理由は簡単です。各画面テスト用のファイルの末尾に、ちょっと認証機能のテストを追加してそれで終わりなら、作業は簡単だからです。これでもなんとかなるでしょう。おそらく問題はありません。
　しかし選択肢b)の「認証機能のテストをすべて1つのファイルにまとめる」にもメリットがあります。この方法の良いところは、Webサイトの認証がどう動いているかをチェックしたいときに、1ヵ所だけを見ればすべてのテストを確認できることです。
　認証に関するテストが1ヵ所にまとまっているため、新しい認証のテストを追加したり、例外のケースや新しいパターンに気を配ることも容易です。
　では、正しい選択肢はどちらでしょうか？　答えはあなた次第です。筆者ならおそらく認証系のテストを専用のテストスイートとしてまとめる方法をとるでしょう。しかし、テストを追加するための唯一の正解はありません。テストをどのように分類し、整理するのかは自由なのです。また、現在片方の選択肢をとったからと言って、将来別の方法を試したり実験したりできないわけでもありません。
　このエクササイズで重要なのは、どちらが正解で、どちらが不正解ということではないのです。テストの分類方法には複数の選択肢があること、UI上の画面に対する分類ではなく、コンテキストで分類する方法もある、ということを頭に入れておいてください。

10.5　この章で学んだこと

　今までよりも少し上級者向けの章でしたが、ここまで読み進めてきた読者なら、理解できたのではないでしょうか。いったん自分自身で手を動かしてテストを書き始めると、どんなテスト分類方法がプロジェクトに合うか、合わないかを判断する直感を鍛え、経験則を積み上げていけるようになるでしょう。

　この章で伝えたかったことは、テストをどう整理するかによって、その後の変更のしやすさに大きな差異が出てくること、テストの分類に唯一の正解はないこと、そして多くの選択肢があり得ることです。恐れることなく、さまざまな分類方法を試し、必要に応じて織り交ぜて使うようにしましょう。

　決まった答えはないと言いましたが、次の2つの考え方は、判断の助けになるはずです。

- テストの対象を絞り、分離すること。1度に多くの内容をテストしようとしないこと。
- 似ているテストをコンテキストによってまとめ、頭を使わなくても理解できるようにしておくこと。

　上記の内容を踏まえて、もう一息、頑張りましょう。この後の2つの章では、テストファーストの具体的な方法など、ユニットテストのより詳細なポイントについて見ていきます。そしてピラミッドのどの層でも自動テスト担当者が遭遇する課題、いわゆる結合度の問題への対処についても説明します。

11章
効果的なモックの活用

　モックはユニットテストのコードを書くのに効果的なツールですが、多用しすぎてしまうこともあります。モックの使い方が適切でないと、多くの場合はテストが壊れやすく保守しにくいものになります。しかし、正しく使えばモックはテストの確実性を増し、同時に設計の変更も容易にしてくれます。

　この章ではモックを使ったユニットテストの長所と短所、モックの効果的な使い方について見ていきます。章を読み終える頃には、モックの使用に潜む問題はどんなものか、その問題を避けて実際のテストコードをどのように書いていけば良いかを、理解することができます。

　開発者のみなさん、この章はユニットテストについて書かれています。まさにうってつけの内容です。テスターのみなさんも、できれば一読してみてください。モックという言葉は、自動テストに関わっていれば頻繁に耳にするので、その仕組みを理解しておけば自信がつきます。

11.1　音楽を聞こう

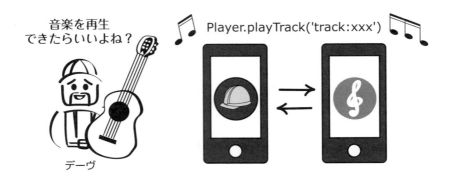

デーヴとチームメンバーは今とても盛り上がっています。彼らは先週大好きなバンドのライブを見に行き、素晴らしいアイデアを思いつきました。彼らの労働許可アプリをより輝かせるためには、操作中に好きな曲を選んで再生できる機能を入れるのがいちばんだと考えたのです。

さっそく次の週、彼らは次の図のような設計をし、試しに実装してみました。ちゃんと動いているようです。

ただ、1つ気になることがありました。できあがったコードをテストしているとき、彼らはアプリケーションから音楽ストリーミングサービスへの接続が定期的に切れてしまうことに気づきました。そのおかげで、次の曲を再生する前に再接続する必要が出てきました。

そこで次のような再接続のロジックを書いたのですが、これをどのようにテストすれば良いのかがわかりません。

```
class Player

  attr_accessor :connector

  def initialize
    @connector = Connector.new
  end

  def playTrack(track)

    if !@connector.is_connected     ─ オブジェクトにアクセスできない
      @connector.connect            ─ 実サービスへ接続している
    end

    return @connector.handle_request(track)
  end
end
```

どうやってテスト
すればいいんだろう……

ユニットテストのコードからは、ストリーミングサービスに接続できているかどうかを制御する方法はありません。もしそれができたとしても、実際に確認したい再接続の処理である`@connector.connect`が呼ばれていることを確認する手段もありません。

こうした問題は、ユニットテストではよくあることです。ソフトウェアに修正が入り、その修正箇所はコードの奥深くに埋もれている。そして、テストしたいコードやオブジェクトに直接アクセスするための簡単な方法がない、といった状況です。このままではテストができず、とても困ります。

「12章 テストファースト」では、よりテストしやすいプロダクションコードを書くための方法についても触れますが、今は少し我慢して、プロダクションコードは変えないことにしましょう。ここでは、ユニットテストで次のことを実現する方法を考えます。

- コードの奥深くにあるオブジェクトを操作したり、監視したりできる。
- 実サービスを呼び出すことなく、特定の状況を準備した上でテストを実行できるようにする。

11.2　モックの利用

　モックとは、自動テストで実際のオブジェクトを置き換えて使う、ダミーのオブジェクトのことです。テストダブル[*]と呼ばれるものの一種でもあります。

　なぜわざわざそんなことをしなければならないのかと、不思議に思う読者もいることでしょう。常に本物のオブジェクトを使ってテストをした方が良いのではないかという疑問は当然湧いてきます。それは確かに正しい考えです。本物のオブジェクトは、本番とは違う動作をしたりしませんし、コードも読みやすく、今書いてあるとおりに動くので、テスト用に特別な準備

---

[*] https://ja.wikipedia.org/wiki/テストダブル

も必要ありません。

　しかし場合によっては、実体を呼び出すことが問題となることもあります。代表的なケースは、ユニットテストからの外部サービス呼び出しが、高コストだったり遅かったりする場合です。

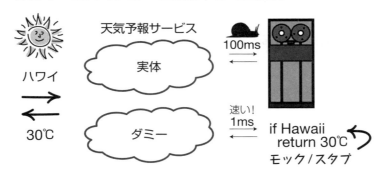

外部サービスのダミーを用意するのに便利

　「6章 ユニットテストで基礎を固める」を思い出してみましょう。ユニットテストは高速に実行できるようにすることが大事でした。ということは、遅かったり不安定だったりするサービスの呼び出しは、モック化するのに向いていると言えます。

　もう1つのケースは、テストからアクセスするのが困難なコードがある場合です。

アクセスできない所に潜むバグ

　モックを導入して、オブジェクトを外から操作したり監視したりできるようにしておくと、テストのための設定や準備をかなり柔軟に、また強力に行えるようになります。もちろん、モックは特定の操作が実行されたかどうかをチェックするのにも役立ちます。

　これらを踏まえて、あらためてデーヴの例に戻り、モックで彼の課題を解決できるかどうかを考えてみましょう。

> **モックとスタブの違い**
>
> 　自動テストで耳にする「モック」と「スタブ」という言葉は、ときどき同じ意味で使われていることもありますが、実際には少し意味が異なります。
>
> 　スタブは、ハードコードされたデータを返すテストダブルであり、基本的にロジックを持ちません。スタブを使うときにやることは、高コストな実際の操作をハードコードによって単純化されたダミーで置き換えるというだけです。他には特に何もしません。
>
> ```
> class StubWeatherForecaster
>
>   def predict_weather(city)
>     if city === 'Hawaii'
>       return 30
>     elsif city === 'Stockholm'
>       return 0
>     elsif city === 'Winnipeg'
>       return -20
>     end
>   end
>
> end
> ```
>
> 　一方モックは、データを返すだけではなく、テストを通じて操作、監視される対象となります。たとえば気象予報サービスにハワイで氷点下の温度を観測した場合をシミュレートさせたいときや、さらに気温が氷点下まで下がったら、特殊な湿度計算処理が呼ばれることを検証したいときには、モックを使って次のように書くことができます。
>
> ```
> @mockForecaster.expects(:predict_weather).with('Hawaii').returns(-10)
> @mockForecaster.expects(:calculate_cold_humidity)
> ```
>
> 　ここで記述した期待値のいずれかが満たされなかった場合は、テストが失敗し、期待した動作が起きなかったことを示します。
>
> 　モックとスタブのどちらを選ぶべきかについて特に厳密なルールは存在しません。単にハードコードされたデータが必要なだけであれば、スタブで十分です。オブジェクトの監視や操作が必要な場合は、モックのような方式をとった方が良いでしょう。

11.3　ステップ1：モックを準備する

　デーヴの再接続ロジックをテストする上での課題は、`playTrack`メソッド内で呼び出された`@connector`オブジェクトが各メソッドでどんな値を返すか、制御する方法がないことで

した。

```
def playTrack(track)
  if !@connector.is_connected
    @connector.connect
  end

  return @connector.handle_request(track)
end
```

　現在のコードの書き方では、@connectorは呼び出されるたびに毎回実際のストリーミングサービスに接続を試みるはずです。ここでやりたいのは、@connectorオブジェクトの実体をダミーのオブジェクト、つまりモックで置き換えることです。

　モックを使ったテストコードを準備する方法として最も一般的なのは、テスト対象のオブジェクトのコンストラクタを使って、モック化したいオブジェクトを入れ替えるやり方です。この方法は**依存性の注入（DI、Dependency Injection）**[*]として知られています。

　監視、操作したいオブジェクトをモック化し、テスト対象のオブジェクトのコンストラクタを通じて送り込むのが、依存性の注入です。これによって、テストにおいて重要な2つのことが可能になります。

1. モックをテスト対象のオブジェクトの外から、つまりユニットテストから操作できる。
2. ユニットテストの実行時に、モックに対して行われた操作をトラッキングし検証できる。

　モック化の仕組みを図にすると、次のようになります。操作したいオブジェクトを送り込み、その後エクスペクテーション（期待されるメソッド呼び出しとそのときに返す値）を設定します。

---

[*] https://ja.wikipedia.org/wiki/依存性の注入

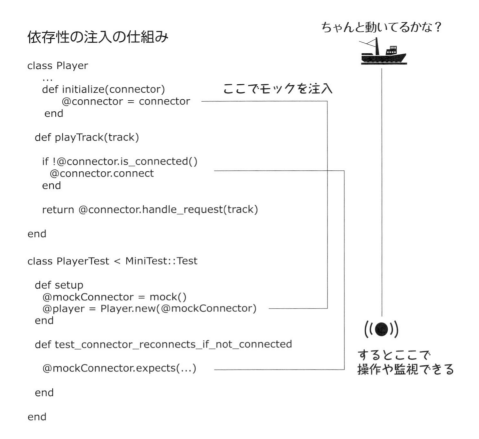

11.4 ステップ2：エクスペクテーションの設定

　モックに設定するエクスペクテーションは、テストしたいシナリオによって異なります。今回の場合は`@connector`の接続が切れているときに`@connector.connect`というメソッドが呼ばれることを検証するのが目的です。

エクスペクテーションの設定

```
class Player
  ...
  def initialize(connector)
    @connector = connector
  end

  def playTrack(track)
    if !@connector.is_connected()    # 'false' を返したい
      @connector.connect              # ここを通ることを確認したい
    end
    return @connector.handle_request(track)
  end

class PlayerTest < MiniTest::Test
  def setup
    @mockConnector = mock()
    @player = Player.new(@mockConnector)
  end

  def test_connector_connects_when_playing_track
❶   @mockConnector.expects(:connect)
❷   @mockConnector.expects(:is_connected).returns('false')
                                          # エクスペクテーションを
                                          # 設定している箇所
❸   @player.playTrack('track:xxx')
  end
end
```

まず`Player`クラスの`playTrack`メソッドが呼ばれたら`@connector.is_connected`が`false`を返すという設定から始めます。次のように書くことができます。

```
@mockConnector.expects(:is_connected).returns(false)
```

次に`@connector.connect`が呼ばれることを確認しましょう。これが今回のテストのメインで、再接続のロジックがきちんと動いていることを検証する部分になります。こちらは次のように書けます。

```
@mockConnector.expects(:connect)
```

最後に、この一連の動作を起こすために`playTrack`を呼び出す次のコードが必要です。

```
@player.playTrack('track:xxx')
```

以上の内容をまとめると、今回作った再接続のロジックが正しく呼ばれることを保証する適切なテストコードが出来上がりました。このテストは実際のストリーミングサービスには一切接続していません。

```
class PlayerTest < MiniTest::Test
  def setup
    @mockConnector = mock()
    @player = Player.new(@mockConnector)
  end

  def test_connector_reconnects_if_not_connected
    @mockConnector.expects(:is_connected).returns(false)
    @mockConnector.expects(:connect)
    @player.playTrack('track:xxx')
  end

end
```

これがモック化の仕組みです。モックオブジェクトを注入し、エクスペクテーションを設定し、実際の動作を検証します。

ああ、良い質問ですね。モック化のフレームワークには2種類の考え方があります。それは**厳密なモック化**と**緩やかなモック化**です。

厳密なモック化では、テスト中に登場するすべてのモックに対して、すべての呼び出しを明示的に記述します。その呼び出しがテストしたい内容かどうかに関わらず、です。したがって厳密なモック化を行うフレームワークを使っている場合は、先ほどの図にある`@connector.handle_request`の呼び出しも、テストケースのエクスペクテーションに含める必要があります。抜けている場合はテストが失敗します。

一方緩やかなモック化の場合は、もう少し制約が弱くなっています。テストに書いてあるエクスペクテーションが満たされてさえいれば、他の動作の有無に関わらず、テストは成功します。

最近は、緩やかなモック化の方が主流となっています。モックの定義を緩やかにしておくこ

とで、余計なエクスペクテーションの記述がなくなるためにテストの意図が明確になり、コードは壊れにくくなり（結合度が低くなるため。結合度については後述します）、何よりテストスイート全体の保守がしやすくなります。

　良い指摘でしたね。筆者のおすすめは、緩やかなモックを使うことです。

　モック化についてわかってきたところで、モックをフル活用して、テストケースの中の邪魔な依存性をすべて排除したくなってきたのではないでしょうか。

　ですが、ちょっと待って下さい。まさにそれをやろうとしているデーヴのチームの様子を見てみましょう。コードに対して可能な限りモックを使った場合、どんな課題が出てくるのでしょうか。

11.5　結合による束縛

　シニアエンジニアのエリックをチームに迎えたことは、自動テストの方向性と考え方に大きな影響を与えました。エリックは、設計とテストに関する知識が豊富なだけでなく、コードを新しい角度からまっさらな視点で見ることを教えてくれました。私たちはみんな立ち上がって、彼の言うことに聞き入りました。

> テストを沢山書きすぎているんじゃないかな……

白髪交じりのベテラン、エリック

ユニットテストが多すぎる？　なんですって——そんなことがあり得るのでしょうか。私たちにとって、「テストが多すぎる」などという感覚は考えられませんでした。たくさんのテストを追加して、何の悪いことがあるのでしょう。

それからエリックは図を描いて、私たちが聞いたことはあるけれどきちんと理解したことのなかった**結合度**という言葉について説明を始めました。

オブジェクトが別のオブジェクトに対してメッセージを送る

結合している

　結合度とは、2つのオブジェクトのつながりの強さを表す度合いです。Playerクラスのオブジェクトが Connector クラスのオブジェクトのメソッドを呼び出すとき、この2つのオブジェクトは結合されます。一方に変更を加えれば、もう一方にも変更を加える必要があります。

　どんなプログラムでも、ある程度の結合は発生します。結合がまったく存在しない状態では、オブジェクトはお互いにやり取りをすることができず、プログラムは何も生み出しません。

　しかし、システム開発ではオブジェクトやシステムが密に結合し過ぎてしまうことも避けなければなりません。結合度が強くなればなるほど、変更を加えるのも困難になります。オブジェクト間の通信にパブリックな API を使って、内部のデータやメソッドを隠蔽するのは、そのためです。

　テストの話に立ち戻ると、これは興味深い問題です。ユニットテストもまた、テストコードからテスト対象のクラスを呼び出しているという意味で一種の結合になっているからです。

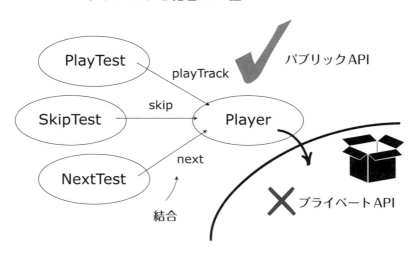

テストの内容を高レベルなものに限って、各オブジェクトのパブリックAPIを呼ぶだけにしておけば、基本的には問題ありません。結合度が高くなり過ぎるということはないでしょう。

 プライベートAPIは除き、オブジェクトのパブリックAPIだけをテストしよう*。

しかしシステムの設計が少しずつ複雑になってきて、テストの中でオブジェクトの内部状態が露出するような状態を続けるとどうなるでしょう。そう、結合度の問題が発生します。

---

* 訳注：ここでの「API」は、メソッドとほぼ同義です。

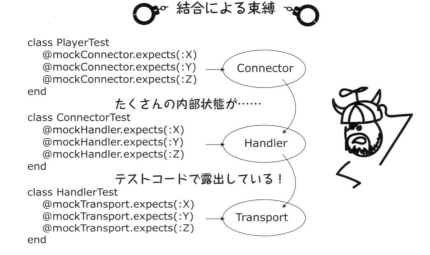

　オブジェクト同士が結合しているだけでなく、モックとそのエクスペクテーション、テストがすべて結合した状態になっています。結合が密になり過ぎて、身動きが取れなくなってしまいました。

　このやり方を続けて設計の改善をためらっていると、そのうちシステムは誰も修正を加えられない状態に陥ります。それがモックの泥沼です。

11.6　モックの泥沼

　ここで言うモックの泥沼とは、ユニットテストのコードがモックに埋め尽くされてしまい、もともとのテストがほとんど意味をなさなくなっている状態のことを指します。

```ruby
class LoginServiceTest < MiniTest::Test

  def setup
    @mockRoles = mock()
    @mockPermissions = mock()
    @mockAuthorization = mock()
    @mockAuthentication = mock()
    @mockAnalytics = mock()
    @mockDatabaseAdapter = mock()
    @mockMainFrame = mock()
    @mockLogging = mock()

    @login_service = LoginService.new(@mockRoles, @mockPermissions,
            @mockAuthorization, @mockAuthentication,@mockAnalytics,
            @mockDatabaseAdapter, @mockMainFrame, @mockLogging)
  end

  def test_valid_login
    @mockRoles.expects(:check_role)
    @mockPermissions.expects(:check_permissions)
    @mockAuthorization.expects(:authorize)
    @mockAuthentication.expects(:authenticate)
    @mockAnalytics.expects(:record_login)
    @mockDatabaseAdapter.expects(:connect)
    @mockMainFrame.expects(:predict_weather)
    @mockLogging.expects(:log)

    @login_service.login('username', 'password')
  end

end
```

（注釈）準備に山のようなコードを費やし
（注釈）エクスペクテーションの設定にもさらに多くのコードを費やし
（注釈）テストの操作はほんの1行

こんな事象に出会ったら、まさにモックの泥沼の中にいると言えます。

- 実質的なテストのコードよりも、モックの準備やエクスペクテーションの設定の行数の方がずっと多い。
- 結合されたテストが壊れて変更作業がつらいものになることを恐れて、ソフトウェアに変更を加えるのをためらってしまう。
- もともとのテストの意図がわからない。

この泥沼の力は強大です。開発の効率を上げてくれるはずだったテスト自体が逆にあなたを苦しめ、作業速度を落とします。雑多な情報が多すぎて、テストで想定していた正しい動作がどんなものだったのかが、もはやわかりません。わかることはただ1つ、何か変更を加えよう

とすると、何かが壊れることだけです。そして設計を改善するのは苦行となり、誰も改善をしなくなります。

　公平を期すために言っておくと、これはモックの問題というわけではなく、システムの設計の問題です。こんな風にテストとの結合が密になってしまうということは、テスト対象のクラス自体も、保守しづらいものであることは確かです。

　ただし、モックを使ったユニットテストは、そうでない場合に比べてこういった泥沼にはまりがちな傾向にあります。モックの使い方に注意しておかないと、逆にモックに振り回されて、知らず知らずのうちに泥沼に沈んでしまいます。

　幸いなことに、そこまで密な結合をすることなくモックを活用する方法もあります。オブジェクトの表層に注目してテストし、細かな実装は隠蔽しておくという考え方です。

11.7　ポートとアダプタ

　「ポートとアダプタ」アーキテクチャ[*]は、アプリケーションのコアな機能と、外部とのやり取りをする境界部分もしくはサービスとを分離しようという考え方です。

　ポートとアダプタにあたるものとして典型的なものは、Webサーバーのような外部サービスを提供するものですが、外部サービスの呼び出しや、果てはキーボードからの入力なども場合によっては含まれます。システムへのインプットやアウトプットになり得るものは、何でもポートとアダプタの候補になります。

　この考え方の美しいところは、よりブラックボックステストに近いアプローチでテストを考えられる点です。積極的にシステム内部の動きをテストして結合度を高める代わりに、システムの表層に注目して、インプットとアウトプットにより重点を置きます。

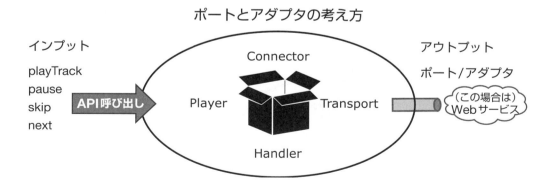

ポートとアダプタの考え方

---

[*] http://www.dossier-andreas.net/software_architecture/ports_and_adapters.html

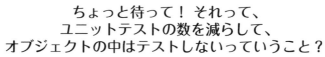

ある意味では、そのとおりです。考えてみてください、私たちはやろうと思えばすべてのメソッドのやり取りをモック化してテストすることができます。そして最終的に非常に結合度が高く、細かくテストされたシステムが出来上がったとして、それがほとんど変更を受け付けないようなものになっていたら、果たして意味はあるでしょうか。

一方、内部の詳細は忘れて、システムの外側からテストすることを考えてみましょう。そして単純にユニットテストで扱いたくない部分、つまり外部に接続する部分だけをモック化します。今回の場合は、音楽ストリーミングサービスがそれにあたります。

外部へつながるポートとアダプタをモック化する

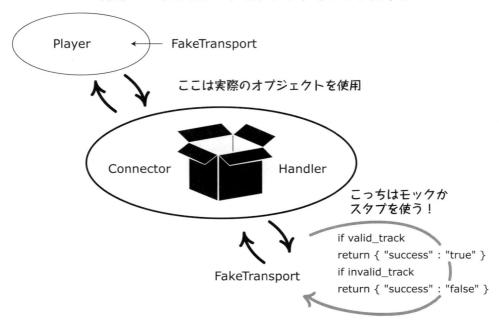

これを実現するには、外部との通信の責務を持つクラスである`Transport`クラスをモックもしくはスタブ化すれば良いでしょう。

サーバーからエラーを返すようにすることもできますし、接続が切れた場合のシミュレーションも可能です。内部にある`Connector`クラスと`Handler`クラスについては実際のオブジェクトを使います。

`Transport`を置き換えるためにハードコードして作ったスタブの`FakeTransport`クラスがこちらです。予め定義されたテストケースからの呼び出しに合わせて、固定のレスポンスを返します。

```ruby
class FakeTransport
  def send(uri)
    if uri == 'valid_track'
      return true;
    end

    if uri == 'invalid_track'
      return false;
    end

  end
end
```

依存性の注入を使った`Player`クラスのテストは次のようになります。正しい曲名と存在しない曲名をストリーミングサーバーに送った場合のそれぞれについて、テストが行われます。

```ruby
class PlayerStubTest < MiniTest::Test
  def setup
    @fakeTransport = FakeTransport.new
    @player = Player.new(@fakeTransport)
  end

  def test_can_play_valid_track
    assert @player.playTrack('valid_track')
  end

  def test_fails_with_invalid_track
    assert !@player.playTrack('invalid_track')
  end

end
```

このようにブラックボックステスト[*]のアプローチでユニットテストを行うことには、多くのメリットがあります。

---

[*] https://ja.wikipedia.org/wiki/ソフトウェアテスト

よりブラックボックスに近いアプローチでテストをするメリット

+ 本物のオブジェクトを使う割合が増える
+ 結合度が低い
+ 変更しやすい
+ カバレッジが高い
+ バグが少ない

1. 本物のオブジェクトを扱える
   本物のオブジェクトは、もちろん本番環境での実行時と同じ動作をするので、モックよりも本物のオブジェクトを使う方が望ましいやり方です。モックを設定するときにミスをして、その間違いがそのまま本番まで行ってしまうというリスクも避けることができます。

2. 結合度が大きく下がる
   高い結合度は変更の妨げとなります。オブジェクトを外側からテストし、システムをよりブラックボックスに近いものとして見ることによって、システムに対するテストの結合度は大きく下がり、設計の変更も容易になります。

3. 変更がしやすい
   繰り返しの使用に耐えられるというのはテストにとって重要なことです。コードに対する把握や理解が深くなればなるほど、コードを変更したくなる機会は増えます。深く内部まで踏み込んだモックの山を作らずにテストを書いていれば、そういった変更も可能です。

4. カバレッジが高い
   モックを多用しない外部からのテストは、システムの中のオブジェクトモデルをエンドツーエンドで実行します。つまり、テスト対象のオブジェクト自体の1層だけではなく、その内部まで見ることができます。これによって本番で呼び出されるのにより近い形で内部のコードが呼ばれ、より良いカバレッジを得ることができます。

5. バグの少ない、良いテスト
   ブラックボックスに近いテストでは、モックを多用したテストで必要な準備のオーバーヘッドで苦しむ必要はありません。モックの泥沼のような苦労はほとんどなくなります。テストは読みやすく、保守しやすくなりますし、本当に関心のあること（オブジェクトの動作など）に注力してテストできるのでコードを書くのも楽しくなります。

実機に勝るテストはない

筆者は以前、モックを多用し過ぎてSpotifyの車載器連携の機能を丸ごと壊してしまいそうになったことがあります。再生中の曲を、ユーザーのプレイリストに保存するという機能を追加していたときのことです。モックを使って多くのダミーアカウントや楽曲でさまざまな組み合わせのテストを行い、基本的な所はテストでカバーできていると考えていました。

ところがそれは間違いでした。

実際の車載器でのほんのわずかな最終確認をしただけで、問題が起きたことがわかりました。しかも大型連休前の午後だったため、周りで助けてくれるメンバーは誰もいませんでした。

この日の経験から、筆者は3つの教訓を学びました。

1つ。機能が100%正しく完成していることを確信できない限り、必ず実機でサニティチェック（基本的な動作確認）をすること。

2つ。ダミーよりも実機を重視すること。もし安易にダミーを使わずに実際のオブジェクトに対してコードを書く時間を取っていれば、もっと早くこのバグを見つけて、この時のようなストレスとトラブル対応を避けることができたはず。

そして3つ。おそらく最も重要なことです。大型連休の前には、全体に影響するような大きな変更をチェックインしてはいけません。

　この例だけで実感するのは難しいかもしれませんが、ポートとアダプタの考え方を使ったモック化はとても強力なテクニックです。

　システムのポートとアダプタが何なのかがわかり、それをモック化する方法がわかれば、テストの基盤をしっかりと固めることができます。テストの内容に自信が持てるだけでなく、修正や設計変更も容易になります。

　これがうまくできるようになれば、テストの効率も向上するはずです。

　ここまで、お疲れさまでした。では、ここからは質疑応答のコーナーに入ります。

11.8 質問タイム

> FakeTransportを使って、サーバーからのレスポンスをハードコードするんだったら、元々あった結合を別の結合に置き換えただけなんじゃないの？

　その通り！ ティムの言っていることは正解です。スタブを使ってサーバーからのレスポンスをハードコードすることによって、サーバーとユニットテストの間に別の結合を持ち込んだことになります。もしサーバーのレスポンスの仕様が変われば、それに従ってユニットテストも修正する必要があります。結合度の問題はオブジェクト間に限ったことではありません。システム間や、そこでやり取りされるデータにも結合度の問題は存在します。

　では、先ほど紹介したアプローチと、モックを多用するアプローチの違いは何なのかを、あらためてまとめてみましょう。次の表は、2つのアプローチの違いを表にまとめたものです。Martin Folwerはこれをユニットテストに対する**古典派**と**モック派**の対比だとしています[*]。

---

[*] http://martinfowler.com/articles/mocksArentStubs.html

	古典派 vs モック派	
	本物のオブジェクトを好む	ダミーを好む
	コラボレーション*、もしくはポートとアダプタをテストしたいときにときどきモックを使う	常にモックを使う
	コラボレーションをハードコードすることを好む	コラボレーションをモック化することを好む
	粒度の粗いテストを行い、統合された状態でテストする	粒度の細かいテストを行い、統合部分に漏れがある
	テストと実装を密に結合させない	テストと実装を密に結合させる
	内部の実装を意識しない	内部の実装を意識する
	テストのためだけにクエリメソッド（オブジェクトの内部情報を取得するメソッド）を作ることがある	クエリメソッドの作成は必要ない

モックを使うのは良くないと言ってるように聞こえるんだけど、モックを使ってはいけないの？

　いえ、そんなことはありません。モックと依存性の注入は、良いテストコードを書くために役立つ素晴らしいテクニックです。モックを使わず、コードの奥深くまで立ち入る術がない場合、コラボレーションの内容によってはテストが困難になります。

　この章で覚えて欲しいことは、必ずしもモックを使う必要はないということです。もし代わりに、普通の古典的なオブジェクトを使ってテストできる状況であれば、そちらを選んだ方がうまくいくことが多いでしょう。

＊　訳注：コラボレーションとは、複数のオブジェクト間の相互作用のことを言います。また、メインとなるオブジェクト（この文脈ではテスト対象のオブジェクト）から見たコラボレーションの相手となるオブジェクトのことをコラボレーターと言います。

はい。これも良い質問です。いちばん良いのは「パブリックなインターフェイスを通してプライベートメソッドをテストできないか考える」という方法です。

この考え方でテストを書くと、プライベートメソッドは本番環境でクライアント側のコードが使うのと同じ状況で実行されることになります。もし今、テストしたいメソッドをパブリックなインターフェイスから呼び出せないのであれば、それは優先してテストする必要はありません。

この章を読んだテスターのみなさんに知っておいてほしいことは、開発者がコードを書く上で結合度を気にしなければいけないのと同じく、テスターもテストコードを書く際に、結合度を意識する必要があるということです。

たとえば、UIテストを書くときにも、私たちはテストコードとユーザーインターフェイスを結合させていることになります。つまりUIが変われば、テストコードも変えなければなりません。開発のイテレーションを何度か繰り返して最終的にUIが落ち着くまでは、UIテストを書かないほうがいいこともあるのは、そのためです。必要が生じる前に早い段階で結合度を高めることには意味がありません。

Webサービスをテストするような統合テストでも同じことが言えます。この場合、テストは

Webサーバーからのレスポンスや取得されるデータと結合されるだけですが、何らかの結合が存在することには変わりありません。

あまり深入りしてきませんでしたが、もう1つ、結合の大きな要素としてデータがあります。テストデータも結合の一種です。もしテストが実行されるときに特定のデータが存在することを想定していたら、テストとデータは結合していると言えます。どちらかが欠けると成り立たなくなります。

このように、結合度の問題は自動テストのあらゆる所に存在しており、それをどう扱うかは常に意識しておく必要があります。ある程度の結合は避けられませんが、減らせる箇所では減らしていくべきです。結合度が高くなればなるほど、ソフトウェアの変更は困難になるからです。

11.9　この章で学んだこと

少し難しい章でしたね。この章ではかなり深い所まで踏み込んでいるので、全部を理解できなくても気にする必要はありません。中には、筆者自身もしっかりと理解するのに10年かかった内容もあります。ここで解説した内容の半分でもピンとくるものがあれば、筆者よりも理解が速いと言えます。

それはさておき、ここで学んだ重要なポイントを振り返ってみましょう。

- ユニットテストでは、必ずしもモックを使う必要はなく、代わりに本物のオブジェクトを使っても良い（可能なら使うべきである）。
- ユニットテストの対象は、オブジェクトのパブリックAPIに絞って外側からテストすることで結合度を下げ、オブジェクトの設計変更をしやすくする。
- モックは手頃なツールだが、使いすぎないようにする。少し変わった実装しづらいシナリオを扱うのには向いているが、乱用して泥沼にはまるのは避けたい。
- ユニットテストでは、可能な限りオブジェクト内部の機構ではなく外に向けた振る舞いにフォーカスすること。結合が大きな問題になることがある。システムをより外側からテストすることができれば、テストも設計も保守、変更しやすくなる。

さて、あと1章を進む気力は残っているでしょうか？　最終章では、ユニットテストを書くテクニックの最後の1つ、TDD（テスト駆動開発）について解説します。開発者が何をテストすれば良いかわからず迷ってしまったときや、そもそもどう手を動かせば良いのかわからないときに、TDDは前へ進むのをサポートしてくれます。

それでは、あと1歩頑張っていきましょう。テストに対する考え方を大きく変える力を秘めたテストファーストについて学んで、本書の仕上げとなります。

12章
テストファースト

　何をテストすべきかを正確に知るのは大変難しいことです。ここまでテストすれば完璧、という線引きがきれいに決まっているわけではありません。シンプルな内容を扱うときにも、いろいろなところで複雑さが出てきます。さらに困ったことには、今作っているものが良い設計であるという保証も、どこにもありません。一言で言うと、とにかく覚えなければいけないことが多すぎるのです。

　ただし、うまく使えば、この宇宙の神秘のような難しい問題に対しても解決の糸口になってくれるテクニックがあります。テスト駆動開発（TDD）の技術を学ぶことで、コードをクリーンに、解決策をシンプルに保つ方法を知ることができます。

　テストを先に書くことによって、コードが素晴らしいものになるとか、テストが完璧になるという保証はありません。しかし、コードが複雑になることを避け、なおかつコーディングに対する精神的な負荷を下げる意味では、役に立ちます。

　開発者のみなさん、この章では前章に続いて、ユニットテストの作成をサポートしてくれるもう1つの強力なツールとしてのTDDを紹介します。テスターのみなさんにとっては、ユニットテストにフォーカスを置いた説明はあまり興味がないかもしれません。ですが、ここで説明する考え方の背景には、みなさん自身がテストを書くときにも応用できる内容が含まれています。ざっくり内容を追うだけでも良いのでぜひ読み進め、最後の質問タイムを楽しみにしてい

てください。

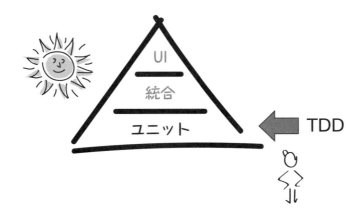

12.1　どこから始めるか

　デーヴのチームのエンジニアたちは、古き良き時代に使っていたタイプの電卓を作ろうとしていました。いわゆる古式ゆかしいRPN、もしくは逆ポーランド記法[*]と呼ばれる方式の電卓です。

　RPN電卓は、ある1点の大きな違いを除いて普通の電卓と同じです。その違いとは、最初に数値を入力し、最後に演算子を入力するということです。
　普通の電卓では、2つの数値の足し算をするには、次のように入力します。

$$1 + 2 = 3$$

---

[*]　https://ja.wikipedia.org/wiki/逆ポーランド記法

一方、RPN電卓では次の図のような入力になります。

この電卓を、TDDをフル活用してどんな風に開発していくか解説する前に、まずは少し時間を使って、どんな種類のユニットテストを書くべきか考えてみましょう。素敵なユーザーインターフェイスとか、そういったものについては今は忘れてください。そうではなく、プレーンなオブジェクトを使って、電卓の計算機能のメイン部分に対して、どのようなユニットテストを書けば良いかだけを考えるようにします。

まず、逆ポーランド記法で2つの数値の足し算を行う機能をテストするために必要だと思うユニットテストのケースを、少なくとも3つ書き出してみてください。

逆ポーランド記法で足し算ができていることを
保証するテストケース

1. _____
2. _____
3. _____

ここに書いてみよう

この後に書いてあることを、先に読まないようにしてくださいね。この課題は、安全な環境でTDDを練習できるチャンスです。心配しなくても、すぐに解答が出てきます。テストケースを空欄にしたままのみなさんは、まず答えを埋めてみてください。

もしみなさんの書いたテストケースが下の解答例と違っていても、問題ありません。例になかったケースは、後で練習のために追加することもできます。今はとりあえず、ここに書いた

3つのケースから始めましょう。

逆ポーランド記法で足し算ができていることを
保証するテストケース

1. 1つの数値が入力できる

2. 2つの数値が入力できる

3. 2つの数値の足し算ができる

この3つのテストからスタート

さあ、準備ができました。まずTDDの考え方を一通り学んでから、その後デーヴのRPN電卓の例を通して「テストが開発を駆動する」感覚を体験していきましょう。

12.2　テスト駆動開発（TDD）とは

テスト駆動開発（TDD）とは、プロダクションコードを追加するよりも前にテストを書くというプラクティスです。一体どうしてそんなことをするのかと不思議に思われるかもしれません。普通にコードを書いて、その後テストを書くだけでも十分大変なのに、それを逆にすることで何か良いことがあるのでしょうか。

実は、テストファーストは私たちがソフトウェア開発を行う上で避けては通れない、ある強敵と戦うのを助けてくれることがわかっています。その強敵とは、ストレスです。

ご存知の通り、ソフトウェア開発をするにあたって複雑さやストレス、精神的な負担というのは、決して避けられないものです。ごく簡単なテストですら、あっという間にコントロールが効かなくなって、手強い問題と化すことがあります。

TDDは、1つのことにフォーカスするのを助けてくれます。1つのテストからスタートして残りのものはすべて無視することで、本当に解決したいことから気をそらすような、つまらない考えやノイズを取り払うことができます。そして、1度に1つのことだけに集中できるようになるのです。

TDDではこれを3つのステップに区切って実現します。

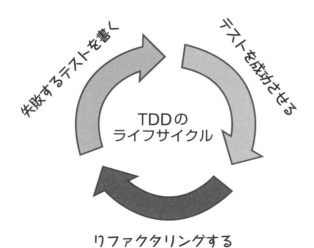

12.3　ステップ1：失敗するテストを書く

このステップでは、答えを出すことは考えません。代わりにコードの設計について考えます。ここでは、次のステップで書こうとしているコードが正しく動作することを検証するためのテストを書きます。必要なのは、設計者の帽子をかぶって[*]、コードのAPIを考えて具体化することです。

12.4　ステップ2：テストを成功させる

今度は設計者の帽子を脱ぎ捨て、具体的な解答を出すモードに入ります。テストを通すことができれば、何をしても構いません。少しズルをして、単にテストを通すだけのハードコードされた値を返すこともできます。もしくはもう少し踏み込んで、もっと堅牢な実装をしても構いません。どこまでやるかは、あなた次第です。

12.5　ステップ3：リファクタリングする

3つのステップの中では間違いなく最も重要で、しかし忘れられやすいのがリファクタリングのステップです。テストと実装の両方を見返し、全体の設計を改善するという観点から必要な調整を加えます。テストによって動作が保証されているので、自由に変更を加えることができます。

ここではコードをメソッドに抽出してまとめたり、変数名を変更したりといったことをします。設計を改善して保守性を向上できるのはこのステップなので、とても重要です。ステップ2は、単にテストを通すだけですが、ステップ3では、美しい形でテストを通します。

リファクタリングを終えると、今度は別のテストに取り掛かり、あとはこのプロセスをひたすら繰り返します。追加すべきテストが思いつかなくなるまで、また開発中の機能のスコープで必要なものをすべてシステムに実装し終えるまで、これを続けていきます。

12.6　TDDの利点

このようなステップを踏んでテスト駆動開発を行うと、後からテストを書いたり、まったくテストを書かなかったりする場合に比べて、次の利点があります。

1. オーバーエンジニアリングを防ぐ
   手順に従ってTDDを実施していると、最初に失敗するテストを書いて必要性を示すまでは、プロダクションコードを追加することが許されません。このシンプルなやり方がコードに大きな影響を与えます。過剰な作り込みでオーバーエンジニアリングになることを防げるのです。

---

[*]　訳注：「帽子をかぶる」というのは、プログラマーが仕事の役割やモードを切り替えることを表すときによく使われる比喩表現です。

XP（eXtream Programming）には、YAGNI（You Ain't Gonna Need It：必要になるまでは機能を追加しない）*と呼ばれる原則があります。YAGNIが示唆しているのは、コードベースに恐ろしく複雑に絡まりあったスパゲッティのようなコードを追加する前に、そのコードが必要になることを示す「失敗するユニットテスト」を示せということです。TDDもYAGNIも、XPにおいてコードをシンプルで慎ましいものに保つための考え方です。

2. コードの設計が改善され、しっかりとテストされたコードになりやすい
   TDDを行っていると、最初から設計とテストについて考えることになるので、オーバーエンジニアリングを防ぐだけでなく保守しやすいシンプルさを保ち、読みやすいコードを生み出せるようになります。シンプルなことと読みやすいこと。この2点はソースコードにおいて常に求められます。

3. 複雑な内容を扱いやすい
   新しいプロジェクトや機能に取り組み始めたばかりのときは、確認しなければいけないことや、うまくいかないことが多く、そういったストレスに対処する術がないとすぐに疲弊してしまいます。
   TDDの素晴らしい所は、1度に1つのテストだけに集中することで、ストレスの魔物を脇に避けておけることです。ちょっとしたことなのに問題は大きく単純化され、目の前の課題にフォーカスすることができます。

4. 単純に楽しい
   いったんテストファーストの習慣が身についてしまえば、自然なリズムで気持ちよく作業を進められていることに気づくでしょう。テストを通すことで小さな満足感をすぐに得ることができますし、一歩一歩確実に前進している実感も得られます。テストの成功を積み重ねてゴールに近づいていくので、常に動作しているシステムが手元にあることになります。

百聞は一見にしかずです。さっそくデーヴの電卓の話に戻って、実際に試してみましょう。

12.7　実践してみよう

これからTDDで書いていくのは、次の3つのテストケースです。

---

* http://martinfowler.com/bliki/Yagni.html

逆ポーランド記法で足し算ができていることを保証するテストケース

1. 1つの数値が入力できる
2. 2つの数値が入力できる
3. 2つの数値の足し算ができる

この3つのテストからスタート

ユーザーが実際にこの電卓を使うときに必然的に行う操作の順番に従って進めていきます。最初は、1つの数値を入力するところから始めます。

12.7.1　ステップ1：失敗するテストを書く

1. 1つの数値が入力できる

それでは始めましょう。設計者の帽子をかぶって、次の2点を行うテストを考えます。

1. 電卓が1つの数値の入力を受け取れることを検証する。
2. その後、結果を返せる（直近で入力した数値が表示される）ことを検証する。

少し時間を取って、この内容のユニットテストを書いてみましょう。

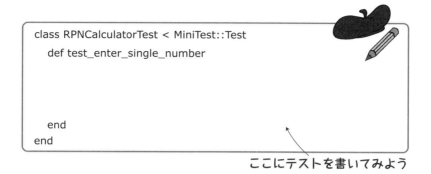

どうでしょう。コードが流れるように思い浮かびましたか？ 手で書くのが追いつかないほどアイデアが出てきたでしょうか。

初めてTDDに触れたほとんどの人の答えは、おそらく「NO」でしょう。そう、テストファーストというのは難しいものなのです。理由は何となく感じられたと思いますが、そこに「複雑さ」がつきまとうからです。

1つのテストに集中して、他はすべてシャットアウトしていたとしても、たった1行のコードを書くために下さなければいけない設計上の決定は、数多くあります。

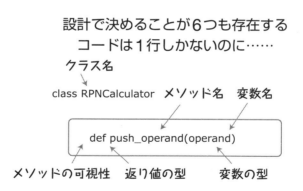

単一の数値を電卓に入力するためには、次のようなことを考える必要があります。

- 責務：数値の入力という新しい機能のためのメソッドをどこに定義するか？
- 命名：そのメソッドを何と呼ぶか、そしてメソッドを持つクラスの名前をどうするか？
- 入力の変数：入力として何を渡すか？
- 出力される値：何を返せば良いか？
- 可視性：そのメソッドはパブリックかプライベートか？

そう、たった1行のために、こんなに決めることがあるのです。そして私たちは、まだプロダクションコードを書いていないので、これらを実際に決めていく作業を、まったく進められずにいるのです。

こんな複雑な問題に、どう対処すれば良いのでしょうか？ 実は、方法は簡単です。

コードが存在すると仮定して、シンプルにテストから呼び出してみましょう。テストコードはこんなふうになります。

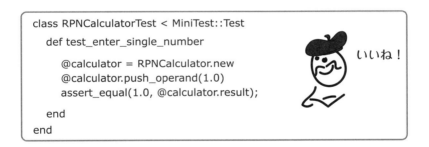

たとえば今回の場合なら、`RPNCalculator`クラスには`push_operand`というメソッドがあって、引数（この場合は計算対象の数値）を取り、引数の値をどこか（これについては次のステップで考えます）に保存する、と仮定します。さらにもう1つ`result`というメソッドがあり、こちらは最後に入力された数値を返します。これだけでOKです。

このように必要なコードがすでに存在すると仮定すれば、面白いことが起きます。

1. 頭を「設計モード」に切り替えられる

    テスト駆動開発は、最初に「テスト」から始めるという意味の名称ですが、真の意図は「設計」を行うことにあります。テストを先に書いているとき、実際やっていることはソフトウェアの設計です。これにはいくつかの効果があります。1つは、今、何を必要とし

ているのかが明らかになること、これはまさにそれを設計しているので当然ですね。そして2つ目は、設計が正しくできているかどうかのフィードバックを、テストの形で即時に得られるということです。

2. テストしやすいコードが書ける

   テストしやすいコードというのはそれ自体がゴールというわけではありません。目的はあくまで、顧客のために高品質な素晴らしいプロダクトを届けることです。しかし、コードがテストしやすくなっていると、プロダクトの品質向上にも役立ちます。コードを書くときにテストの観点で考えることによって、品質向上という別の重要な目的の達成にも近づけるというわけです。

このテストを実行してみると、結果は失敗となります。まだ`RPNCalculator`クラスを作っていないので当然です。問題はありません。TDDでは、常に失敗するテストから出発します。

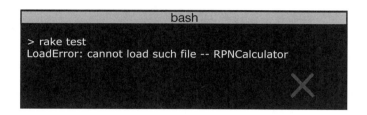

　最初の失敗するテストを書くまでは、プロダクションコードを書いてはならない。

失敗するテストが1つできたので、次はこのテストを成功させるコードを書いていきましょう。

12.7.2　ステップ2：テストを成功させる

このステップでは、設計者の帽子を脱いで実装モードに入ります。ここで考えるのは、どうやったらうまくテストを通せるかということだけです。

ここでのゴールは、設計と実装のすべてを終わらせることではありません。テストを通せるだけの実装ができれば十分です。この言い方は主観的でわかりにくいので、もう少し説明しましょう。

TDDの流儀の1つとして、テストを通すときには可能な限りシンプルな方法を選ぶように推奨する考え方があります。今回の場合も文字通り受け取ると、電卓へ入力された数値を単純に変数として`RPNCalculator`クラスに保存し、その変数を結果として返すという実装になります。コードは次のようになります。

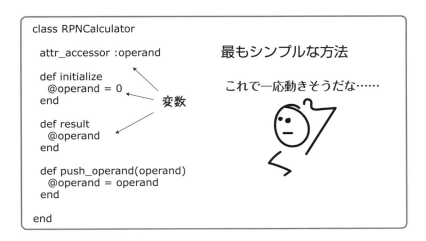

最初のテストを通す実装としては、これで十分妥当と言えます。そして、可能な方法の中では、おそらく最もシンプルです（`result`でハードコードされた値0を返す方が、さらにシンプルかもしれませんが）。

しかしもう少しだけ先のことを考えると、将来的にはこの解決方法では不十分であることがわかります。本当に求めている機能はもう少しだけ複雑です。`Stack`や`Array`のような、複数の値を扱えるデータ構造が必要だからです。

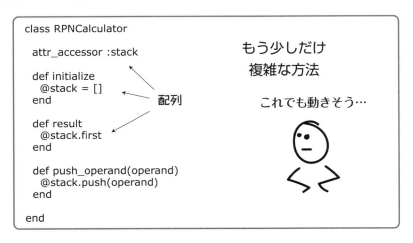

読者の中には、2つ目の方法も少し考えればわかるものなのに、なぜわざわざ1つ目の方法から始めなければいけないのかと疑問を持つかもしれません。実際には、多く場合でその必要はありません。このケースであれば、通常は2つ目の方法から始めるでしょう。

ただし、混乱が生じていなければという条件付きです。

TDDでは、行き詰まってしまったときには「ギアダウン」するようにします。ギアダウンとは、今見ているテストを通すために必要であれば、少々好ましくないコードでもコミットしてしまうことを意味します。そしていったんテストを通してしまった後で、あらためてコードを見直してより良い解決方法を探します。

マニュアルの四輪駆動車で山道を登るときのことを考えてみてください。もし道がきれいに整備されていれば、今いる場所も明確になるので、ギアを上げてハイスピードで前進することができます。TDDの場合で言うと、最初から明快な解決方法に向けて進むということです。

明らかな正解がわかっている場合は基本的にそれを選んで構いません。しかし解決方法が明らかでない場合は、ためらわずギアダウンしましょう。

泥沼状態に陥らないための次のポイントは、常にリファクタリングを心がけることです。

12.7.3　ステップ3：リファクタリングする

リファクタリングとは、ここまで書いてきたコードをあらためて見返し、より良い設計にできる部分がないかを検討することです。

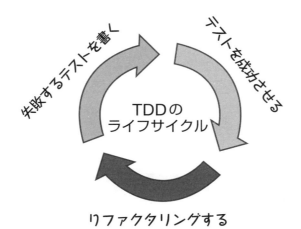

残念ながら今回の事例では、今のところそれほど改善すべきポイントはありません。まだあまり多くのコードを書いていないので、全体がクリーンに保たれています。しかしこの後のテストを書いていくにあたって、すぐにいくつかのリファクタリングをしていくことになるでしょう。

さあ、これでTDDのライフサイクルを1回まわすことができました。この調子で2つ目、3つ目のテストを追加していきましょう。

12.8 サイクルを繰り返し回そう

今度は2番目のテストです。1番目のテストとよく似ていますが、今回は2つの数値を電卓に入力して、2つ目の数値がディスプレイに表示されていることを保証します。

最初のステップは、失敗するテストを書くことです。

ステップ1：失敗するテストを書く

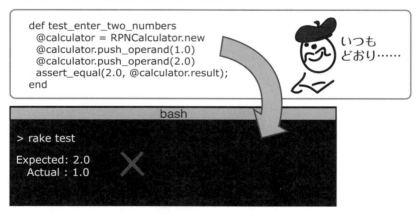

いいですね。無事に失敗するテストができました。今度はこのテストを成功させる必要があります。そのためには、現在のコードでやっているように配列の最初の要素を返すのではなく、最後に追加された要素を返すようにします。コードは次のようになります。

ステップ2：テストを成功させる

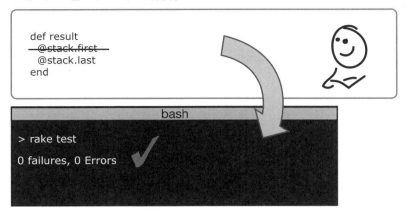

あとはリファクタリングです。ここでは共通する準備用のコードを専用のメソッドに括り出していきます。

ステップ3：リファクタリングする

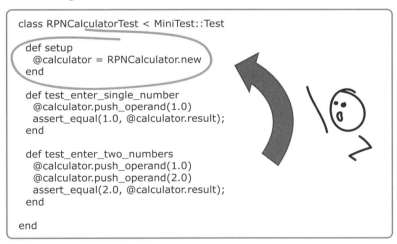

悪くないテストができてきました。2つのテストを片付けて、残りは1つです。3番目のテストは、実際に2つの数値の足し算ができることの確認です。

3. 2つの数値の足し算ができる

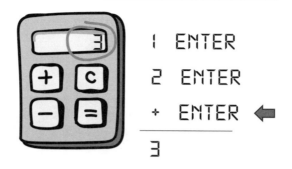

いつも通り、テストを書くところからスタートしましょう。

ステップ1：テストを書く

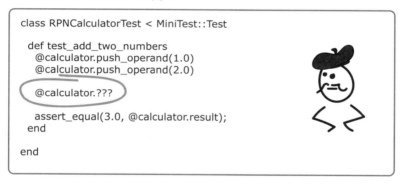

テストに必要な「2つの数値を加算する」というメソッドはまだないので、新しく作る必要があります。

これがTDDのいちばん面白いところです（実際TDDは、どのパートも楽しいものですが）。このステップでは「2つの数値を加算する」という目的のために必要なものを明らかにし、無限の選択肢の中から適切なものを選んで具体的なコードに落とし込みます。まるで手品のようです。

最初のテストと同じく、使いたいコードがすでに存在すると仮定したら、あとはそれを使うだけです。いくつかの選択肢を考えてみましょう。

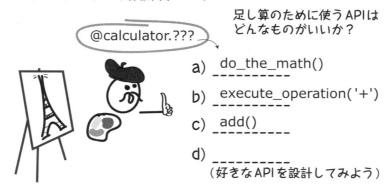

最初のdo_the_mathメソッドは、私たちの好みからすると少し曖昧すぎるように見えます。execute_operation('+')は、プログラムのどこかできっと足し算を行うのだろうということが想像できます。do_the_mathよりも、多少は良さそうです。

ですが、今のところいちばんシンプルな方法は、おそらくaddメソッドを新しく追加することでしょう。それではこれを採用することにします。

ステップ1：失敗するテストを書く

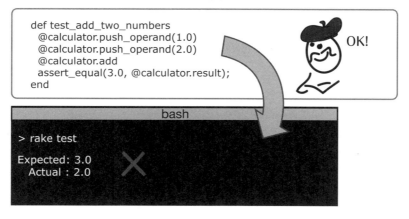

　素晴らしい質問ですね。テストを書き始めると、途中で別の新しいケースを発見することが必ずあります。そういうときは、メモ用紙かテストコードの末尾のTODOコメントに新しく思いついたテストケースを書き留めておきましょう。このような感じですね。

2つの数値の足し算のための追加のテストケース

4. 3つの数値を入力した場合
5. 3つの数値を入力してから「+」を入力した場合
6. 数値を入力せずに「+」を入力した場合
7. 1つの数値しか入力せずに「+」を入力した場合

　こんな風にメモしておいて、今取り掛かっているテストが完了したらあらためて新しいテストに着手しましょう。手元にメモできるものを置いておくといいですね。
　さて、元のテストに戻って、2つの数値を足し算するためにaddメソッドを実装する例を示します。

ステップ2：テストを成功させる

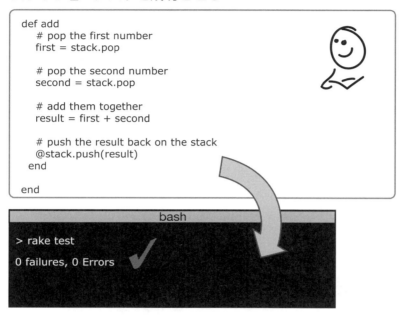

　ここではシンプルにスタックからそれぞれの数値を取り出し、足し合わせて、結果をスタックに書き戻します。これでコードは問題なく動き、すべてのテストが通るはずです。

　ですが、ここで油断して作業を終えてはいけません。常に立ち戻って、最後の重要なリファクタリングのステップ、つまり何か設計を改善できる点がないかを考えてみましょう。

ステップ3：リファクタリングする

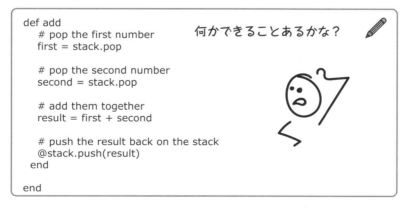

コードを読みやすくするために、少し改善できそうなところがありました。リファクタリングの一例は、firstとsecondという2つの変数をインライン化[*]することです。

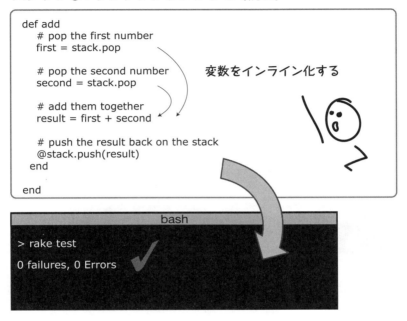

ステップ3：リファクタリングする（続き）

この2つの変数をresultに代入する箇所へインライン化することで、コードの行数を削減して、少し読みやすくできました。

---

[*] 訳注：変数の定義や関数の処理内容を呼び出し側に書くことで、変数や関数の呼び出し自体をなくすこと。インライン化、インライン展開などと呼びます。

ステップ3：リファクタリングする（続き）

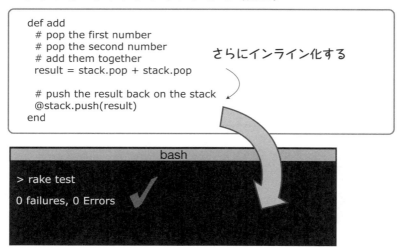

同じテクニックは、もう一度使えます。今度は`result`自体も、`@stack.push`の操作をしている行へインライン化しましょう。コードは次のようになります。

ステップ3：リファクタリングする（続き）

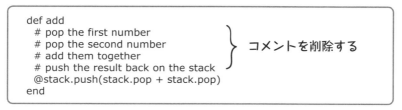

いい感じですね。あとは、残っているコメントをきれいにするだけです。

ステップ3：リファクタリングする（続き）

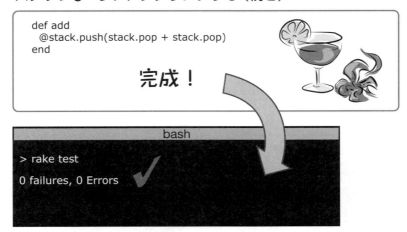

完成です。きちんとリファクタリングされ、読みやすいコードができました！

この最後のリファクタリングのステップの重要性は、強調してもしきれません。しかしリファクタリングの必要性を常に意識し続けることは難しく、つい飛ばしたり、おざなりにしてしまいがちです。忘れないように、次のような付箋を作ってモニタに貼り付けておきましょう。

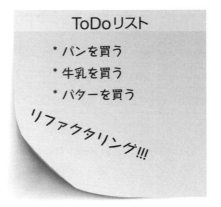

これまでの説明で、リファクタリングの各ステージの後に毎回テストを実行していたことに気づいたでしょうか。これは、ぜひ習慣化してほしいことです。テストをこまめに実行しなおすことで、何かが壊れてしまっても、すぐに気づくことができます。

最終的なプロダクションコードと、後から発見して追加したものも含めたユニットテストのコードを以下に示します。最初はユニットテストです。

```ruby
require 'test_helper'
require 'calculator/rpn_calculator'

class RPNCalculatorTest < MiniTest::Test

  def setup
    @calculator = RPNCalculator.new
  end

  def test_enter_single_number
    @calculator.push_operand(1.0)
    assert_equal(1.0, @calculator.result);
  end

  def test_enter_two_numbers
    @calculator.push_operand(1.0)
    @calculator.push_operand(2.0)
    assert_equal(2.0, @calculator.result);
  end

  def test_add_two_numbers
    @calculator.push_operand(1.0)
    @calculator.push_operand(2.0)
    @calculator.add
    assert_equal(3.0, @calculator.result);
  end

  def test_entering_threenumbers
    @calculator.push_operand(1.0)
    @calculator.push_operand(2.0)
    @calculator.push_operand(99.0)
    assert_equal(99.0, @calculator.result);
  end

  def test_entering_threenumbers_followed_by_a_plus
    @calculator.push_operand(1.0)
    @calculator.push_operand(2.0)
    @calculator.push_operand(3.0)
    @calculator.add
    assert_equal(5.0, @calculator.result);
  end

  def test_entering_plus_with_no_numbers
    @calculator.add
    assert_equal(0.0, @calculator.result);
  end

  def test_enter_single_number_followed_by_plus
    @calculator.push_operand(1.0)
    @calculator.add
    assert_equal(1.0, @calculator.result);
  end

end
```

そしてこちらが、便利で素晴らしいRPN電卓のコードです。

```ruby
class RPNCalculator
```

```ruby
  attr_accessor :stack

  def initialize
    @stack = []
  end

  def result
    if @stack.count == 0
      return 0.0
    end
    @stack.last
  end

  def push_operand(operand)
    @stack.push(operand)
  end

  def add
    if @stack.count > 1
      @stack.push(stack.pop + stack.pop)
    end
  end

end
```

お疲れさまでした。ここでもたくさんのことを学んできましたね。それでは質疑応答のコーナーに移って、質問を受け付けます。

12.9　質問タイム

TDDをするときは、あらかじめ全体の設計をしておく必要はないの？

「あらかじめ設計しておく」ことが、何を指しているかによります。もし山ごもりをして、あなたのシステムの設計について6ヵ月間考え続けるという意味合いであれば、その作業は不要です。

でも、手を止めて設計について考えたり、作ろうとしているものについて同僚に相談するこ

と自体は悪いことではありません。

　TDDは、雑な作業をすることや、考えずに進めることの免罪符ではありません。TDDの存在意義は、素速くサンドボックスを手に入れて、実際のプロダクションコードの上での設計の是非を試せるということです。

　TDDを使う開発者は、コード化されていない設計やアーキテクチャ図を常に疑います。彼らがどんな風に設計を進めていくかをあらかじめ考えることに反対はしませんが、動くコードとして実行されるようになるまでは、その設計を信用しません。

　コードが動くことによって、彼らは設計が正しいこと、そこで行った抽象化が目的に合っていたことを確信できるのです。ありがとうダイアン、良い質問でしたね。

　TDDは、コンセプトとして優秀です。新しい機能を追加するときや、バグを修正するとき、常に実際に作業する前に「何が成功なのか？」と考えることで、成功の定義が明確になり、スコープが限定され、本当に重要なことに集中できます。ですから、テストファーストで考えることのコンセプト自体は、ピラミッドの別の階層に応用してもとても役立つでしょう。しかしテストファーストの作業の進め方となると、これは話が違ってきます。

　たとえばUIテストでTDDを行うことはお勧めできません。UIテストでテストファーストを実践するのは、理論上は良く聞こえますが、実際にやってみるとうまくいかないのです。

　まず、開発の初期段階では、UIは常に変化している事実があります。変更の続くUIに対してUIテストを書くのは、動いている的を射ようとするものなので、簡単ではありません。きっとストレスフルでもあります。

　第二に、実際に動くUIができるまでは、UIテストでは何も保証できません。TDDの重要なポイントは、開発へのフィードバックが得られるということです。UIテストでは、それは実現できません。そもそもそういう目的で作られていないのです。統合テストについても同じことが言えます。

　テスターのみなさんは、新しい機能を追加するときにはTDDのマインドセットを意識して

ください。新しいテストを書くときには、Steven Coveyが『7つの習慣』[Cov94]で述べているように、しっかりと終わりを思い描くことから始めましょう。しかしTDDの技法にこだわり過ぎるのも良くありません。まずはUIの変化が落ち着くのを待ちましょう。そしてその後、UIテストと統合テストを追加します。

他に何か僕たちテスターが覚えておくべきことはあるかな？

　リファクタリングですね。実践例のところで、リファクタリングによって8行あったテストケースを最終的には1行まで圧縮される様子を見てきました。ユニットテスト以外のテストコードを書くときでも、同じ工夫は必要です。常に重複を排除し、テストをクリーンに保つ方法を探しましょう。

それぞれのコードに対してきちんとユニットテストを書いても、UIと合わせると全然うまくつながらないこともあるの？

　その通り、良い指摘です。TDDはコード単体のレベルでの設計が正しいかどうかについて、とても良いフィードバックを与えてくれますが、全体がきちんと動いていることを確認するためには、できるだけ早くUIと接続してエンドツーエンドのテストを行うべきです。
　それは、今質問してくれたように「ユニットテストがきちんと書かれて動いていてもUIと正しくつながらない」ということが往々にしてあるからです。UIやWebサービスとのやり取り

の方法によって、バックエンドで必要な実装も変わってくることがあります。最初はユニットテストから始めて、外部から来るデータがどのようにコードに到達するかという想定をしておきます。しかしその後は間を空けずにエンドツーエンドで動作をさせてみて、想定が正しいことを証明する必要があります。

TDDがあまりうまく機能しないようなケースもあるの？

そうですね、多少はあります。結果が一意でない、ランダムな場合はテストが難しくなります。たとえばトランプのデッキや、ユーザーのプレイリストにある1,000を超える曲をシャッフルする機能のテストは困難です。

また、マルチスレッドで動作するコードも、テストが難しくなります。こういったケースでは通常、対象の機能をより小さく、よりテストしやすい断片に分解していくのが良いアプローチです。小さく分解してうまくテストができたら今度はそれをまとめて、全体がきちんと動いていることを保証するには昔ながらの方法でテストすることができます。

12.10　この章で学んだこと

お疲れさまでした。よく頑張りましたね。RPN電卓の開発をやり抜き、テストファーストで進めていく感覚を体験できました。あとは、実践あるのみです。とにかく手を動かして練習しましょう。

TDDはそれほど直観的な概念ではありません。少なくとも最初のうちは戸惑うことも多いでしょう。ですが一度理解してしまえば、何でも好きなものを作ることができて、しかもそれをテストの形でコード化できる能力が身につきます。これは強力なテクニックです。TDDはあなたのプログラミング生活の至る所で助けになってくれるでしょう。

この章で学んだことを振り返ってみましょう。

- テストファーストは、テストと同じくらい設計にも重点を置いている。
- 常に失敗するテストを書くところからスタートし、そのテストを成功させ、それからリファクタリングする。

- 行き詰まってしまったとき、1度に1つのテストに集中して仕上げたいときには、TDDは最適な手法になる。
- TDDは銀の弾丸ではない。TDDが魔法のように完璧なコードや素晴らしい設計を与えてくれるわけではなく、設計やコーディングは自分で行わなくてはいけない。TDDは数多くあるサポートツールの1つであり、良いコードを書けるかどうかはあなた次第である

　私たちはTDDという巨大なトピックのほんの表面を撫でたに過ぎません。もしもっと深く学びたければ、ぜひともTDDの提唱者であるKent Beckの『テスト駆動開発入門』[Bec02]を読むことをお勧めします。

　さあ、Webのテストをめぐる旅もこれでおしまいです。これからもっと長い旅に出ていくみなさんへ、最後に贈る言葉があります。

12.11　おわりに

　ここまで読み終えたみなさん、おめでとうございます。

修了証書

あなたはWebシステムの
自動テストについて書かれた本書を
無事に読み終えました。

あなたの名前

よってここに証します。

　テスターのみなさん、みなさんはこれから自分で自動テストを書き始めるにあたって必要な用語の知識、そして基本的な技術力が身につけました。おめでとうございます。あとは実践あるのみです。現場へ出て、学んだことを実践に移す機会を探しましょう。そうすれば、遠くないうちに自動テストの達人になれるはずです。

開発者のみなさんも、本書をお読みいただきありがとうございました。本書で解説してきた自動テストの諸々は、開発者のみなさん無しでは成り立ちません。ぜひ、自動テストの取り組みでは必ず必要になる、ユニットテストのしっかりした基盤を保つことを意識し、テスターが自動テスト環境をセットアップするのをサポートしてください。やるべき自動テストは山のようにありますが、他の人をサポートして全員が自走できるようにすることが、結果的にいちばんみなさんの利益になります。

　そしてすべての読者にお伝えしたいのは、協調しましょうということです。テストと開発は切っても切り離せない密接な関係にあります。お互いに協調し、力を合わせて取り組みましょう。そして、ソフトウェア開発という途方もなく複雑な表現手段 ── アート、サイエンス、デザイン、テクノロジーをすべて合わせたような ── の限界を突破していきましょう。

　誰でも自動テストを書くことができます。必要なのは少しの推進力、少しの意志、そしてほんのちょっとした技術的なノウハウです。ここまで読んでくださった読者のみなさんにはすべて備わっているものです。ぜひ一歩を踏み出して、実際にやってみてください。

　それでは、健闘を祈ります。ごきげんよう。

付録A
CSSチートシート

CSSセレクタの記法を覚えておくのはなかなか大変です。このページの簡単なチートシートを使って、UIテストで操作したい画面要素のCSSセレクタを調べるのに役立ててください。

テキストボックス全般を取得するには

Google Chromeのデベロッパーツールを使う場合

1. 取得したい要素の上で右クリックして「検証」を選択し、HTMLを確認
2. デベロッパーツール上でConsoleタブを選択し、以下を入力

```
> $("input[type='text']")
```

メールアドレス入力欄のCSSセレクタ

```
$("input[type='text']")
$("#session_email")
$("input[type='text'][name='session[email]']")
$("input[type='text'][placeholder='Email']")
```

該当部分のHTML

```html
<input type="text"
       id="session_email"
       name="session[email]"
       placeholder="Email">
```

パスワード入力欄のCSSセレクタ

```
$("input[type='password']")
$("#session_password")
$("input[type='password'][name='session[password]']")
$("input[type='password'][placeholder='Password']")
```

該当部分のHTML

```html
<input type="password"
       id="session_password"
       name="session[password]"
       placeholder="Password">
```

ボタンのCSSセレクタ

```
$("button")
$(".btn")
$("button[type=submit]")
```

該当部分のHTML

```html
<button
class="btn"
type="submit">Sign in</button>
```

付録B
Google Chromeのデベロッパーツール

Google Chromeには（その他のWebブラウザの多くも）、UIテストや統合テストの作成をブラウザ上から助けてくれる素晴らしいツールが備わっています。

HTMLの画面上で右クリックを行うと、画面に対応するHTMLをすぐに確認できます。UIテストで使うために取得する必要のあるコントロール全体を見たいとき、この機能は役に立ちます。

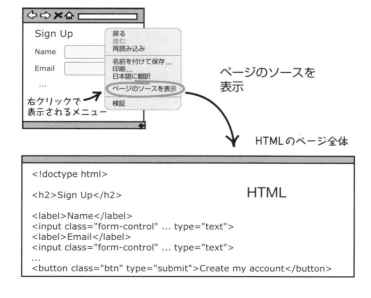

取得したい要素をピンポイントで探すときには、その要素を右クリックして「検証」を選択すると、対応するHTMLを確認できます。

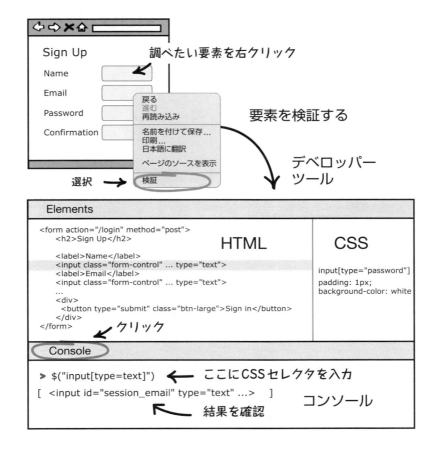

デベロッパーツールでは、さらに、テストで取得して使いたい画面要素を確認するために実際にCSSセレクタを書いて試してみることができます。この機能の使い方について、詳しくは「2章 ユーザーインターフェイステストに触れる」を見て思い出してみてください。

このHTMLやCSSを確認できる機能はUIテストに役立ちます。一方で、Chromeは統合テストについてもサポートしてくれる機能を持っています。ページを読み込んだときにどのようなHTTPリクエストが飛んでいるかを見たい場合には、いつでもネットワークトラフィックを確認できます。

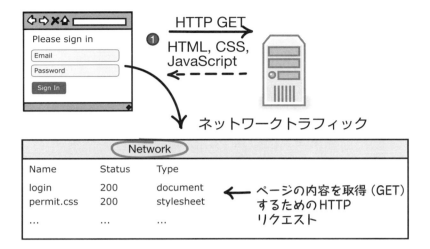

また、HTTPでPOSTした結果についても同じように確認できます。

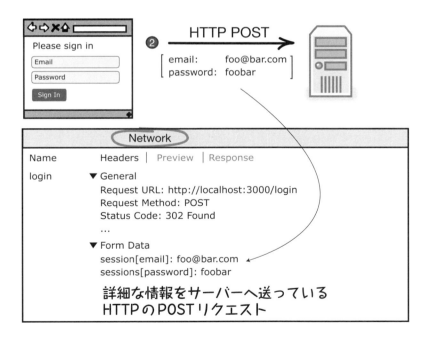

こちらについて、詳しくは「4章 統合テストで点と点を結ぶ」を参照してください。

付録C
サンプルコードを動かすための環境構築

玉川 紘子

　本書で紹介されているテストコードおよび対応するプロダクションコードは、「はじめに」にもあるように、オンラインのリソースとして公開されています（https://pragprog.com/book/jrtest/）。本書はRubyやJavaScriptの解説書ではないため、各コードの詳細な説明については割愛していますが、実際に手元でテストコードを動かしてみたいという方向けに、このAppendixでセットアップの方法を解説します。

C.1　準備（リソースのダウンロード）

　まず、オンラインで公開されているコードを入手します。上記のオンラインリソースのURLにアクセスし、ページの中ほどにある「Resources」の中から「Source code」のリンクを辿ってファイル（.tgzもしくは.zip）をダウンロードしてください。ダウンロードしたファイルを解凍すると、

- cswp
- javascript

という2つのフォルダがあります。javascriptフォルダは7章で解説しているJavaScriptのユニットテストのコード、cswpフォルダはそれ以外の章で使っているテストコードとプロダクションコードです。

C.2　JavaScriptのテスト

　JavaScriptのテストについては、Chrome等のブラウザさえインストールしてあれば他に準備するものはありません。

C.2.1　テスト結果を見てみる

　まずはテスト結果を見てみましょう。ブラウザで、javascriptフォルダの中のSpecRunner.htmlを開きます。すると、次の図のように全体のテスト数（9 specs）、失敗したテスト数（3

failing)、そして失敗した各テストのタイトルや期待値と実際の値の違いが表示されます。

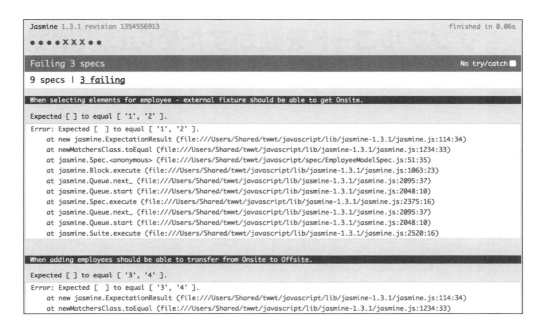

9 specsという文字列の部分をクリックすると、テストの一覧を見ることができます。"When selecting elements for employee – external fixture" と "When adding employees" です。また、テストが失敗していることがわかります。

```
Jasmine 1.3.1 revision 1354556913
●●●●✗✗✗●●

Failing 3 specs

9 specs | 3 failing

When selecting elements for employee
    should be able to get Onsite
    should be able to get Offsite
    should be able to get saveParameters
    should be able to detect if Onsite is empty

When selecting elements for employee - external fixture
    should be able to get Onsite

When adding employees
    should be able to transfer from Onsite to Offsite
    should be able to transfer from Offsite to Onsite

When saving the tracker list
    and Onsite has people
        should save

    and Onsite is empty
        should show error dialog
```

C.2.2　テストを修正する

本書の「7章 JavaScriptを使ったブラウザ上のユニットテスト」では、テストコードの中にあるタイプミスの問題がテストの失敗につながっていることを解説しました。解説内容に従って、テストコードを修正してみましょう。修正するファイルは、`javascript/spec/EmployeeControllerSpec.js`です。失敗していたのは「When adding employees」というテストですので、それに対応した部分を探します。

```javascript
describe("When adding employees", function(){

    var model;
    var controller;

    beforeEach(function() {
        setFixtures(
            '<select id="Onsite" size="4" multiple="multiple">' +
            '<option value="1">One</option>' +
            '<option value="2">Two</option>' +
            '</select>' +
            '<input id="leftArrow" type="button" value=" < " />' +
            '<input id="rightArrow" type="button" value=" > " />' +
            '<select id="Offste" size="4" multiple="multiple">' +
            '<option value="3">Three</option>' +
            '<option value="4">Four</option>' +
            '</select>'
        );
```

この中の`<select id="Offste"...>`という部分が問題を起こしていたので、Offste

をOffsiteに書き換えてファイルを保存します。

　もう一度テストを実行してみましょう。SpecRunner.htmlをブラウザ上でリロードするだけで、すべてのテストが再実行されます。先ほどの修正に対応する2つのテストが成功し、失敗が3つから1つに減っていることがわかります。

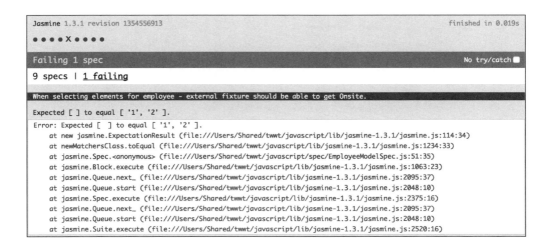

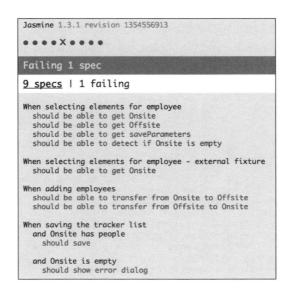

C.3　Rubyのテスト

　Rubyのテストコードと対象のプロダクションコードはcswpフォルダ以下に格納されています。こちらは、動作させるために特定のバージョンのRubyをインストールしておく必要があります。ここでは、Mac OS 10.12 Sierra上での環境構築方法と、テストを動作させるコマンドについて解説します。後半部分はどのOSでも共通の内容となります。

C.3.1　必要なツールのインストール

　Macのターミナルを開き、下記のコマンドを入力してHomebrewというツールをインストールします。HomebrewはMac上へさまざまなツールをインストールして管理するためのパッケージマネージャです。途中、管理者パスワードを聞かれる箇所は指示に従って進めてください。

　なお、この付録中で紹介しているコマンドの先頭の「$」はコマンド入力前に表示されるプロンプトを意味しています。実際にターミナルに入力するコマンドは、「$」を除いた部分であることに注意してください。

```
$ /usr/bin/ruby -e "$(curl -fsSL https://raw.githubusercontent.com/Homebrew/install/master/install)"
```

　続いて、Rubyの環境を管理するためのツールであるrbenvをインストールします。Rubyを直接インストールしても良いのですが、rbenvを使うと異なるバージョンのRubyをプロジェクトによって使い分けることができます。

```
$ brew install rbenv
$ echo 'export PATH="$HOME/.rbenv/bin:$PATH"' >> ~/.bash_profile
$ echo 'eval "$(rbenv init -)"' >> ~/.bash_profile
$ echo 'if which rbenv > /dev/null; then eval "$(rbenv init -)"; fi' >> ~/.bash_profile
$ rbenv --version
```

　最後のコマンドrbenv --versionを実行したときにrbenv 1.1.0のようにバージョン番号が表示されれば成功です。

　次はこのrbenvを使って、今回のコードを動かすのに必要なRubyのバージョンをインストールします。少し古いですが、コードで指定されている2.1.3というバージョンを使います。

```
$ rbenv install 2.1.3
```

C.3.2　Railsのアプリケーション起動

　ここまで準備が整ったら、いよいよRailsのアプリケーションを起動します。ダウンロードして解凍したソースのあるフォルダ（cswpフォルダ）以下まで移動し、先ほどインストール

したRuby 2.1.3を使うように設定します。

```
# フォルダまでのパスは実際の環境に合わせてください
$ cd cwsp
$ rbenv local 2.1.3
$ ruby -v
# バージョンの表示で、2.1.3となっていることを確認
```

アプリケーションの起動に必要なライブラリをインストールし、データベースを作成します。

```
$ gem install bundler
$ bundler
$ rake db:migrate RAILS_ENV=development
```

ここまでの処理は、初回起動時に1回行えばOKです。最後に、次のコマンドでアプリケーションを起動します。

```
$ rails s
```

ブラウザで http://localhost:3000/ を開き、アプリケーションが起動していることを確認してください。

C.3.3 UIテストの実行

UIテストのコードはspecフォルダ以下に格納されています。こちらは本編でも説明のあるとおりRSpecというテスティングフレームワークで記述されているため、rspecコマンドを使って実行します。cswpフォルダ直下で実行する場合は、次のようなコマンドになります。

```
# spec フォルダ以下のすべてのテストを実行
$ rspec spec/
Run options: include {:focus=>true}

All examples were filtered out; ignoring {:focus=>true}
......................................................

Finished in 1.42 seconds
54 examples, 0 failures

Randomized with seed 9547

# 特定のフォルダ以下のテストを実行
# (今回のコードの場合、すべて同じフォルダに入っているのでテストの数は変わりません)
$ rspec spec/requests/
Run options: include {:focus=>true}

All examples were filtered out; ignoring {:focus=>true}
......................................................

Finished in 1.16 seconds
54 examples, 0 failures

Randomized with seed 19049
```

```
# 特定のファイルの中のテストだけを実行
$ rspec spec/requests/user_pages_spec.rb
Run options: include {:focus=>true}

All examples were filtered out; ignoring {:focus=>true}
...........

Finished in 0.36353 seconds
11 examples, 0 failures

Randomized with seed 32949
```

C.3.4 統合テスト／ユニットテストの実行

　統合テストとユニットテストのコードは、Railsの規約によりtestフォルダ以下に格納されています。testフォルダはさらに細分化されており、統合テストはintegrationフォルダ以下に、ユニットテストは各テストの種別に合わせたフォルダ（models、helpersなど）に格納されます。なお、本書のサンプルでは、統合テストとユニットテストにはRSpecではなくMinitestというテスティングフレームワークが採用されています。Railsのプロジェクトではrakeというツールを使ってアプリケーションの起動やデータベースの作成／更新などの定形作業を行うことができますが、テストの実行も同じようにRakeで行うことができます。

```
# test フォルダ以下のすべてのテストを実行
$ rake test
Started

  85/85: [==========================================] 100% Time: 00:00:00, Time: 00:00:00

Finished in 0.60150s
85 tests, 141 assertions, 0 failures, 0 errors, 0 skips

# 統合テストをすべて実行
$ rake test:integration
Started

  17/17: [==========================================] 100% Time: 00:00:00, Time: 00:00:00

Finished in 0.51140s
17 tests, 48 assertions, 0 failures, 0 errors, 0 skips

# ユニットテスト（※後述）をすべて実行
$ rake test:units
Started

  57/57: [==========================================] 100% Time: 00:00:00, Time: 00:00:00

Finished in 0.18068s
57 tests, 84 assertions, 0 failures, 0 errors, 0 skips
```

```
# 特定のファイルの中のテストだけを実行
$ rake test test/models/user_test.rb
Started

  11/11: [==========================================] 100% Time: 00:00:00, Time:
00:00:00

Finished in 0.09250s
11 tests, 15 assertions, 0 failures, 0 errors, 0 skips
```

`rspec`コマンドと異なり、フォルダのパスを指定しても特定のフォルダ以下のテストだけを実行することはできず、すべてのテストが実行されます。また、`rake test:units`で実行されるテストの対象は、厳密には`test/models`、`test/helpers`、および`test/unit`以下にあるテストコードです。その他にもいくつかの組み合わせがあるので、興味のある方はRailsのドキュメント（https://railsguides.jp/testing.html）を参考にしてください。

C.3.5 試してみよう

　ここまで環境構築とテストの実行の方法を解説してきましたが、単に成功しているテストを眺めているだけでは実際にテストを書く楽しさはなかなか体感できません。プロダクションコードとテストコードを見比べながら双方を少しずつ書き換えてみて、テストがどんなふうに失敗するのかを観察してみてください。そして余裕があれば自分で新しいテストを追加してみましょう。テストがRed（NG）からGreen（OK）になる瞬間を体験すると、自動テストが少しずつやみつきになってくるのではないでしょうか。

参考文献

[Bec02]　Kent Beck. Test-Driven Development: By Example. Addison-Wesley, Boston, MA, 2002.『テスト駆動開発入門』（ケント・ベック 著、長瀬嘉秀 訳、ピアソンエデュケーション 2003）

[Coh09]　Mike Cohn. Succeeding with Agile: Software Development Using Scrum. Addison-Wesley, Boston, MA, 2009.

[Cov94]　Stephen R. Covey. The 7 Habits of Highly Effective People. The Free Press, New York, NY, 1994.『完訳 7つの習慣 人格主義の回復』（スティーブン・R・コヴィー 著、フランクリン・コヴィー・ジャパン 訳、キングベアー出版 2013）

[Cro08]　Douglas Crockford. JavaScript: The Good Parts. O'Reilly & Associates, Inc.,Sebastopol, CA, 2008.『JavaScript: The Good Parts―「良いパーツ」によるベストプラクティス』（Douglas Crockford 著、水野貴明 訳、オライリージャパン 2008）

[FBBO99]　Martin Fowler, Kent Beck, John Brant, William Opdyke, and Don Roberts. Refactoring: Improving the Design of Existing Code. Addison-Wesley, Boston, MA, 1999.『リファクタリング―既存のコードを安全に改善する』（Martin Fowler 著、児玉公信 他訳、オーム社 2014）

[Hen13]　Elisabeth Hendrickson. Explore It!. The Pragmatic Bookshelf, Raleigh, NC, 2013.

[Sub16]　Venkat Subramaniam. Test-Driving JavaScript Applications. The Pragmatic Bookshelf, Raleigh, NC, 2016.

索 引

記号・数字

127.0.0.1 60
7つの習慣 238

A・B・C

Ajax 106
API 72, 218
 Create, Read, Update, Delete 72
CRUD 72
CSS .... xi, 6, 25–43, 59, 243
 CSSセレクタ 28–43, 50, 243–246
 CSSチートシート 243

D・E・F

dependency injection 100
DNS 57
DOM 111
foobar 65
fuga 65

G・H・I

gem 24, 100
GETリクエスト 74

Google Chrome 63, 245
 デベロッパーツール 245
hoge 65
HTML .... xi, 6, 26–34, 59–65, 108
 JavaScript 109
 ユニットテスト 129
HTTP .... xi, 6, 59
 DELETE 80
 GET 73
 GETリクエスト 59
 POST 77
 PUT 79
 ステータス 75–82
 プロトコル 54
 メソッド 81
 リクエスト 64
 リソース 78
ID要素 36, 44
IPアドレス 57–65

J・K・L

Jasmine 120
JavaScript .... xi, 105–132, 249

デバッグ 114
JavaScript: The Good Parts 130
JavaScriptのテスト 249
jQuery 115–120
jslint 128
JSON 73, 107
JUnit実践入門 vii
localhost 60

M・N・O

MVC 119
 コントローラ 119
 データ／モデル／ビュー 119
off-by-oneエラー 88–94

P・Q・R

POSTリクエスト 64
PUTリクエスト 80
Rails 58, 79, 100, 107, 253
REST 65, 69
RESTful 68–74
 Webサービス 71–82
 許可API 72
RPN電卓 214–230
 スタック 231
RSpec 24, 183
Ruby .... xi, 107
 テストコード 253
 ライブラリ 24
Ruby on Rails .... xi, 24

S・T・U

Saveボタン 123

Seleniumデザインパターン＆ベストプラクティス
 vii
Succeeding with Agile 5
TDD 95, 131, 211–241
 コードがあると仮定 222
 失敗するテストを書く 217
 常に失敗するテスト 223
 テストを成功させる 217
 ライフサイクル 217
 リファクタリング 217, 225
UIコントロール 35–37
 classで選択 41
 type属性 41
 位置による選択 41
 検証 40
 コンソール 40
 タグ名 41
 デベロッパーツール 40
 要素 40
 リダイレクト 46
UIテスト 8, 19–52
 エンドツーエンド 8, 19
 コスト 8
 仕組み 26
 自動化 137
 スピード 85
 スモークテスト 84
 脆弱性 31, 47, 86
 沢山のUIテスト 139
 ピラミッド 6
 問題の特定 85
 ユーザー 8
UI要素／位置 30
URL 56

V-Z

Web API 64-66
Webアプリケーション 7, 56-60
　　UI 7
　　サービス 7
　　ロジック 7
Webサーバー 60
Webの仕組み 56
Webページ 58
XP(eXtream Programming) 134, 219
YAGNI 219

あ行

アーキテクチャ 22
アイスクリームコーン 138
アサーション 45, 63
値 149
アダプタ／ポート 203
依存性の注入 100, 194
一意なID 39
インスタンス 90
エクストリームプログラミング 9, 95
エッジケース 88
エンドツーエンド 8-13, 19, 111
　　UIテスト 8, 11, 31
オブジェクト 90, 99
親指の法則 10

か行

開発者 13, 83
　　強調が大切 16
　　スピード重視 14
　　ダイアン xii
型 149

型検査 127-129
　　型安全性 127
　　静的な型検査 127
　　動的型付け 127
カバレッジ 4, 14, 206
考えたり書いたり xii
基礎的技術 .... xi, 6
機動性 55-56
逆ピラミッド 138-141
逆ポーランド記法 214
キャプチャーリプレイ 25
キャメルケース 152
許可情報 78
銀の弾丸 240
クライアントサイド 107
クラス 90, 99
クリティカル・シンキング ix
ゲートウェイ 116
結合度 199
　　結合による束縛 201
堅牢性 55-56
コードカバレッジ 96
コピー・アンド・ペースト 156-166
コメントフリー 155
コラボレーション 209
コンストラクタ 99-101
コンテキスト 171, 179
コントローラ 122

さ行

サーバーサイド 107
最初のプログラマー 148
参考文献 257
サンドボックス 237

サンプルコード 249	スモークテスト 21, 31, 81, 103, 140
テストコード 249	UIテスト 84
プロダクションコード 249	静的型付けと動的型付け 127
サンプルコードの環境構築 249	疎結合 47
実践Selenium vii	
実践テスト駆動開発 vii	**た行**
失敗したリリース 20	ダイアン xii
自動テスト .... vii–xiv, 1–256	戦いのストーリー xii
美しい 3–4	ダミーオブジェクト 100
書き直す 142	ダミー許可情報 75
価値がない 142	ダミーユーザー 25, 62
過不足なく自動化 11	ダミーよりも実機 207
すべてを自動化 11	探索的テスト .... xiii, 16
接続性 21	重複 11, 157–169
疎結合 48	重複の除去 157–169
誰が書くのか 13	つながり 21
重複 11	つながりの強さ 199
テストスイート 16	ティム xii
テストを止める 142	テキストボックス 38, 44
ピラミッド 3	テスター .... vii–xiv, 1–256
不安定なテスト 140	開発者 13, 83, 105, 130, 147
負の遺産 185	ソフトウェア開発 ix
フレームワーク .... ix, 36, 105, 120	ダイアン xii
緩く書く 48	ティム xii
推薦の言葉 v	テスティングフレームワーク .... ix, 1–256
スクリプト言語 107	テスト開発駆動(TDD) 96, 211–216
スタブ 124, 192, 208	テストが多すぎる 199
モック 192	テストケース 90
ストリーミング 98	コントローラー 123
スパイ 125	テストスイート 102, 185
スピード重視 5, 14, 84	テストの修正 251
スペース文字 153–164	テストの整理 171–188
すべてをテスト 14	アサーション 175
スピード重視 14	コンテキスト 179, 182

テストの分離 171, 174
テストの分類 171
テストをまとめる 180
ハッキング 186
フレームワーク 176
分離 174
テストの線引き 133
テストのピラミッド 3, 5-7
テストファースト 95, 213-240
TDDサイクル 226
TDDの利点 218
失敗するテストを書く 218, 220
テスト駆動開発 216
テストを成功させる 218, 223
リファクタリング 218, 225
テストメソッド 93
統合テスト 9, 53-80
API 9
つながり 9
ピラミッド 6-256
ユニットテスト 53
トレードオフ 14

な行

名前 149

は行

配列 30
バグハント 113
はじめに ix
ハッキング 186
バックエンド 53-55, 64, 117
ハッピーパス 91
パブリックAPI 211

反復型の開発 85
ピラミッド .... x-xiv, 3-18, 133-144
JavaScript 111
UIテスト 6, 15, 136
逆ピラミッド 138
テスト 3-18, 135
統合テスト 5, 135
ユニットテスト 4, 134
～を探検する 145-212
～を登る 133-143
ビルド 4
ビルド時間 84
不安定なテスト 141-144
ブラックボックステスト 205
フレームワーク 3-7, 24, 105, 120
便利機能 38
プログラミング 147-170
値 149
インデント 153, 160
型 149
コメント 155
名前 149
変数 149
ホワイトスペース 154, 160
命名規則 152
メソッド 149, 164
プログラミング基礎 147-170
空行 154, 160
コーディングスタイル 151
スペース 153
重複を避ける 158-169
適切な命名 151, 161
プログラミングの構造 148
プロダクションコード 237

プロトコル 57-65
フロントエンド 65
変数 149
ポート／アダプタ 203
ポート番号 57-65

ま行

マルチスレッド 239
密結合 47
無効な認証情報 49
命名規則 153-170
メソッド 87, 90, 167, 210
　パブリック 210
　プライベート 210
メッセージの文言 47
モック 100-102, 124, 189-211
　意図が不明 202
　エクスペクテーション 195
　オブジェクト 197
　結合による束縛 198
　厳密なモック化 197
　古典派 208
　スタブ 192
　テストが1行しかない 202
　泥沼化 201
　ポートとアダプタ 203
　モックの利用 191
　モック派 208
　緩やかなモック化 197
モデル 120

や行

訳者まえがき vii
有効な認証情報 46

ユーザーインターフェイステスト 19-32
ユニットテスト 1-256
　vs.統合テスト 12
　アジャイル 9
　エクストリームプログラミング 9
　高速 9
　多目的 9
　ピラミッド 6-256
緩いテスト 48
　存在の有無 48
　緩くしすぎない 48
良いパーツによるベストプラクティス 130

ら行

リソース 57-65
リソースとの通信 67
　GET 67
　PhotoGET 67
リファクタリング 157-159
　インライン化 232
　コメントの削除 233
例外処理 91
レガシーシステム 33-52, 140
ログインUI 20-26, 33-38, 62
　ダミーユーザー 25
　リダイレクト 22-25
ログイン画面 34
ロゼッタ・ストーン x

訳注一覧

APIとメソッド 200
describeステートメント 51
foobar, hoge, fuga 65
IDのつけ方 31

索引

Offsteのタイプミス 128
Railsの検索 49
インライン化 232
エッジケース 88
エンドツーエンド 6
クリプトナイト 140
コラボレーション 209
税率の特殊処理 93
テキストボックスのグレーアウト 38
テストのsetupパート 75
デベロッパーツール 29
バグとテストコード／プロダクションコード
.... 126
変数としてのURL 76
帽子をかぶる 218
ホワイトスペース／空行 154
忌々しい（de-testable） 99

●著者紹介

Jonathan Rasmusson（ジョナサン・ラスマセン）
『アジャイルサムライ─達人開発者への道』の著者。プログラマーとしての豊富な経験を活かし、世界有数のソフトウェア開発会社でより良い開発方法、共同作業のサポートをしてきた。現在は冬場の自転車通勤をしない時は、Spotifyにてソフトウェア開発およびチームのコーチングに携わっている。

●訳者紹介

玉川 紘子（たまがわ ひろこ）
ソフトウェア開発者としてBtoB、BtoCの製品開発に従事した後、自動テストやCIを活用した経験を活かしテストエンジニアへ転向。株式会社SHIFTにて自動テストの導入コンサルタント、自動化に関する各種セミナーの講師として活動している。Jenkins、SeleniumなどOSSツールを組み合わせた環境構築を得意とし、日本Jenkinsユーザ会、STAR（テスト自動化研究会）のスタッフとしても活動中。

初めての自動テスト
Webシステムのための自動テスト基礎

2017年9月20日　初版第1刷発行
2022年8月1日　初版第5刷発行

著　　　者	Jonathan Rasmusson（ジョナサン・ラスマセン）	
訳　　　者	玉川　紘子（たまがわ　ひろこ）	
発　行　人	ティム・オライリー	
編 集 協 力	株式会社ドキュメントシステム	
Ｄ Ｔ Ｐ	手塚　英紀（Tezuka Design Office）	
印刷・製本	日経印刷株式会社	
発　行　所	株式会社オライリー・ジャパン	
	〒160-0002　東京都新宿区四谷坂町12番22号	
	TEL（03）3356-5227	
	FAX（03）3356-5263	
	電子メール　japan@oreilly.co.jp	
発　売　元	株式会社オーム社	
	〒101-8460　東京都千代田区神田錦町3-1	
	TEL（03）3233-0641（代表）	
	FAX（03）3233-3440	

Printed in Japan（ISBN：978-4-87311-816-1）
乱丁、落丁の際はお取り替えいたします。

本書は著作権上の保護を受けています。本書の一部あるいは全部について、株式会社オライリー・ジャパンから文書による許諾を得ずに、いかなる方法においても無断で複写、複製することは禁じられています。